|飼|育|の|教|科|書|シ|リ|ー|ズ|

カメレオンの教科書
How to keep Chameleon

カメレオンの基礎知識から

各種類紹介と繁殖 etc.

専門用語解説

サイン	便宜上、趣味の世界で呼ぶフレーズ。カメレオンが飼育者に向けて送るものではない。彼らの表情や動きなどからサイン（＝状態）を読み取り、飼育に反映させることができるかがカメレオンを飼育するうえで大切となる。
隠蔽色	周囲に身体の輪郭や模様を溶け込ませて、見えにくくしてしまう色彩。
カスク	頭頂部の盛り上がった部分。頭頂冠や冠・冠突起ともいう。
クレスト	稜（りょう）。背にある帆のような突起は背稜と呼ぶ。
デュラップ	喉侯垂とも。喉にある皮膚のたるみで、髭のような細かな棘状突起が備わる種もいる。
自切	敵から逃げる場合などに自分の尾を切り離すこと。尾が重要な役割を持つカメレオンは自切しない。
側扁	木の葉を縦にしたような形。上下に高く左右に狭い形状。樹上棲傾向の高い種ほどカメレオンも側扁している。一方、ナマクワカメレオンやヒメカメレオンなど地上棲もしくは地上付近を生活の場とする種類は側扁しておらず、筒状かやや平たい体型。
胎生	卵を産む（卵生）のではなく、直接幼体を出産する繁殖形態。胎生種は冷涼な高山など厳しい環境に暮らす種に多い。
ディスプレイ	メスへの求愛行動やテリトリーを主張する際、相手に向かって行う行動。カメレオンの場合、派手な婚姻色を呈したり、喉を広げ、首を上下に小刻みに震わしたり（ボビング）する。
フラップ	後頭襞（こうとうへき）や後頭葉・ローブともいう。耳飾りのこと。後頭部にあるひだで、ディレピスカメレオンやショートホーンカメレオンなど可動性を持つ種もいる。
吻	口の上部。吻先は「鼻先」とほぼ同じ。
CB	飼育下繁殖個体。店頭や国内イベントなどで愛好家が殖やしたCB個体が販売されていることもある。WC個体に比べ飼育しやすい面が多い。寄生虫がいないと言われることもあるが、たびたび見つかる。
WC	野生下捕獲個体。厳しい野生環境で生き抜いてきたため、身体に傷があったり角先が欠けていたりするが、これも野生で生活してきたという証。小さな傷なら飼育するうえで問題はない。
亜成体	完全に成熟していない若い個体のこと。
成体	性成熟した個体。
亜種	特定の地域に生息する集団。種ほどではないが、固有の特徴が見られる個体群。カメレオンは亜種分けされることがあるが、地理的に連続分布し、かつ、中間的な個体も多数見られることがあり、一部の亜種分けについて疑問視する意見もある。とはいえ、ホビーの世界では亜種分けしたうえでの血統維持を意識する愛好家も多数いる。ロカリティ地域個体群。現在のところ同種だが、多かれ少なかれ地域性が見られるものについて、産地名が付けられて流通することも多い。パンサーカメレオンなどが代表的。ただし、必ずしもロカリティ名が産地というわけではない。集積地だったり出荷地・近隣の大きな街の名が付けられていることもある。趣味の世界で言うところの〇〇（地名）であっても、現地に行くと実際とは異なることもあるということ。
ケージ	飼育ケースのこと。カメレオン飼育では爬虫類用ケースのほか、鳥カゴや園芸用ガラス温室など、さまざまな形状のものが利用できる。
ハンドリング	掃除や移動の際にカメレオンを手で持つこと。上から鷲掴みにせず、下方向または水平方向からカメレオンの道を作るように手のひらを差し出してハンドリングする。

カメレオンの基礎

| b a s i c   o f   C h a m e l e o n |

カメレオンって本当に飼えるの?
ペットとして飼える生きものだったの?
そんな声をよく耳にする。
知名度は高いものの、
カメレオンがペットとして流通することを知らない人も多いようだ。
他のペットとは見ためも飼いかたもだいぶ異なるカメレオン。
言うなれば「カメレオンの飼いかた」をすれば良く、
「初めて飼う爬虫類がカメレオン」
という人のほうがうまくいくことも多かったりする。

01 | はじめに（カメレオンとは）

カメレオンの持つ強烈な個性。

ヘビやトカゲ・カメなどが属する爬虫類の仲間だが、彼ら特有の葉っぱのような姿や変色能力・舌を伸ばしての捕食・左右別々に動かせる目など、爬虫類でも存在感は抜群。普段はゆっくりと動くスローライフを送っているものの、餌を見つけた時は風にそよぐ葉のようにカクカクとした動きでいささか速く移動する。だが、舌の発射速度だけは別。目にも止まらぬ速度で獲物を捕らえる。ジャクソンカメレオンなど角の生えた種類もいて、恐竜のような姿に惹かれ

る愛好家も多い。茂みにじっと潜み、目だけを動かして周囲を探る様子が賢者にたとえられることがある一方で、嫌われていたり、身近な生き物として大事にされている場合もある。生息地によってさまざまな捉えられかたをしているのは、彼らの持つ強い個性のためなのだろう。

ほとんどの種が森林などで樹上生活を送り、"森の住人"と呼ばれることもしばしば。アフリカを中心に分布するが、東南アジアや日本には生息していないことも私たち日本人にはエキゾチックさが増しているのか

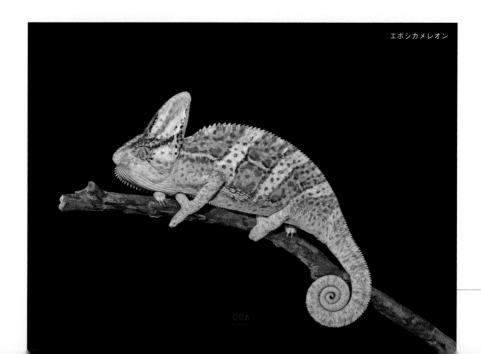

エボシカメレオン

もしれない。アフリカの森に多くが棲むとはいえ、雪が降るような高山に暮らすカメレオンもいれば、街路樹などちょっとした植生にまで進出しているたくましいものもいる。

　言い換えれば、種類によって生活環境が大きく異なり、飼育環境もそれに合わせてやる必要があるということだ。たとえば、エボシカメレオンは降雨量の少ない乾燥した地域に暮らしている。過酷故、頑健。水切れや高温にも強く、カメレオンの中では入門種的扱いとなっている。パンサーカメレオンはわりと開けた場所にいて、エボシカメレオンと同じく丈夫で飼いやすい種類。両者共にCB個体（飼育下繁殖個体）が流通の主を占めており、自然下の環境に慣れて育ってきたWC個体（野生捕獲個体）よりも断然飼いやすいのも嬉しい。高山に棲む種類でもジャクソンカメレオンは身体も大きい分、相応の体力を備え、比較的飼いやすい種類と言える。

　本書ではこの3種類のカメレオンを中心

パンサーカメレオン

ジャクソンカメレオン

に飼育・繁殖方法を紹介していく。カメレオンは飼育が難しいと思われがちだが、彼らの個性をよく観察してみてほしい。身体の体色や模様の変化・動きなど、これほど状態のわかりやすいトカゲもそういないだろう。彼らから発せられるさまざまなサイン。その種類に合った飼育環境を用意し、これをいかに読み取ってあげられるかがカメレオン飼育の醍醐味であり、「カメレオンの飼いかた」と言える所以だ。モリドラゴンといった他の樹上棲トカゲよりもずっと読み取りやすい。後半に各種ごとに飼育管理の目安を数値や★で示したが、捕獲された地域により前後したりすることもままある。目の前のカメレオンと相談しながら、よく考え、柔軟に対応してほしい。これがカメレオン飼育の大きな魅力でもある。

　なお、飼育の前に、定期的に餌を入手できることができるかどうか、飼育スペースは確保できるかどうかなど入手後のことも考慮し、十分検討したうえでカメレオン飼育をスタートさせてほしい。

02 | 輸入状況と CB・WC について

種類によって異なるが、カメレオンはCB（飼育下繁殖個体）もWC（野生採集個体）も流通する。CB個体で多く流通するのはエボシカメレオンやパンサーカメレオン。"角系"と呼ばれるものも種類数が限られているものの、ジャクソンカメレオンなどはWC個体を店頭で見ることができる。ただし、WC個体の流通は不安定で、数年間その国からの輸出が途絶えることもある。2021年現在では、たとえばタンザニアからの便がしばらく途絶えており、かつて大量に輸入されていたメラーカメレオンやディレピスカメレオン・ヒゲカレハカメ

レオンは店頭から姿を消してしまった。

カメレオン大国とも言えるマダガスカルからは、例年、ある程度まとまった匹数が輸入されているものの、かつてのように多くの種類が輸入されることはなくなり、比較的コンスタントに国内で流通するのは数種類のみとなっている。匹数も減少傾向。ミノールカメレオンやウィルズカメレオンといったフサエカメレオン属の小型種やカルンマカメレオン属は一部を除き、見られる機会がなくなってしまった。

エボシカメレオンやパンサーカメレオンは比較的国内CB個体を見かけるが、それ

メラーカメレオン

ディレピスカメレオン

以外の種類となるとなかなか少ないのが現状である。総じて、カメレオン自体の国内流通量は減少しており、店頭でも見かける機会も種類も減っている。欲しい種類がいたら、入手できるうちに買うべきだろう。そして、日本国内でCB個体を供給できることができれば、次世代の愛好家へ繋げていける。ありがたいことに、爬虫類・両生類専門誌『クリーパー』ではしばしばカメレオンの貴重な国内繁殖レポートが掲載されているが、それでもペットトレードに乗るほどの十分な匹数ではない。これを読んでいる全国の熱心な愛好家の方々の努力に期待したいところである。その成果はぜひ専門誌に投稿して国内の飼育・繁殖技術の向上に繋げてもらえれば、筆者としてはこんなに嬉しいことはない。

　カメレオンは古くから輸入されており、筆者が子供の頃でも小鳥屋などで販売され

ているのを見かけたことがある。ただ、当時は繁殖はおろか飼育方法も確立されておらず、水槽などに枝も何もない状態で入れられていた時代だった。輸送状況も悪く、はるばる日本にやってきた時点で健康状態が悪化していることが多かった。現在、輸送状況は格段に良くなり、WC個体でも良好な状態で輸入され飼育もしやすくなっている。先人たちの努力で、さまざまなカメレオンの飼育・繁殖方法も確立されつつある。飼育関連器具も揃い、餌昆虫の入手も容易になった今、カメレオンを手にされた人はぜひ大切にしてほしいと願うし、できれば繁殖も視野に入れて飼育をスタートしてもらいたい（もちろん、繁殖させるさせないは個人の自由だが、こういった状況ということだけは頭の片隅に置いておいてもらえればと思う）。

ヒゲカレハカメレオン

ウィルズカメレオン

03 | 分類と生息環境

カメレオンはカメやヘビ・トカゲ・ワニなどが含まれる爬虫類の仲間。以前は日本にも生息しているキノボリトカゲなどのアガマ科とされていたこともあったが、現在はカメレオン科という独立したグループに分類されている。近年でも新種が発見されており、今後も構成される種数は増えていくと思われるが、現在、全部で200種弱が知られる。

爬虫類有鱗目（Squamata）トカゲ亜目（Lacertilia）イグアナ下目（Iguania）カメレオン科（Chamaeleonidae）に分類され、カメレオン亜科（Chamaeleoninae）とヒメカメレオン亜科（Brookesiinae）の2亜科で構成される。前者はナミカメレオン属（Chameleo）・ミツヅノカメレオン属（Trioceros）・ハチノスカメレオン属（Brady-podion）・フタヅノカメレオン属（Kinyon-gia）・ムランジェンカメレオン属（Nadzi-kambia）・カルンマカメレオン属（Calun-ma）・フサエカメレオン属（Furcifer）が、後者はヒメカメレオン属（Brookesia）・カレハカメレオン属（Rhampholeon）・チビオカレハカメレオン属（Rieppelon）から成る。

カメレオンの分布域は、ヨーロッパの地中海沿岸域からアフリカ・マダガスカルと周辺の島々、南西アジアからインド・スリランカにかけて。東南アジアや日本・オセアニア・南北アメリカ大陸には分布しない。多くは森林・林・草原・藪地・農園・街路樹といった多かれ少なかれ植生のある地域で暮らすが、例外的にナマクワカメレオンはナミブ砂漠に分布する。全種が昼行性。また、いくつかの国の年間降雨量と最高気温・最低気温のグラフを用意した。ただし、観測値のデータであり、カメレオンが実際に棲んでいる場所は森の中や標高の高い場所なこともある。日本でもフィールドに足を運んで体感してもらうとなお良いが、日陰と日向で気温がだいぶ異なるし、風や地形によっても変わってくるだろう。北半球と南半球では気候が違うことも考慮し、飼育環境作りの参考にしてほしい。

闘争するジャクソンカメレオン（基亜種）

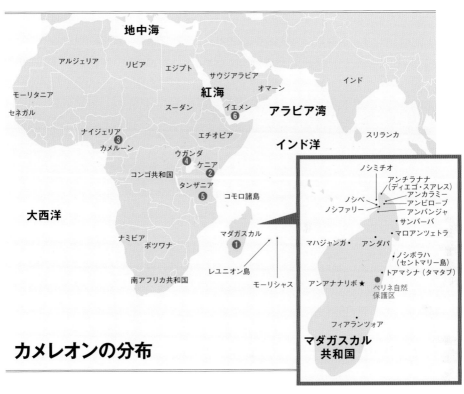

カメレオンの分布

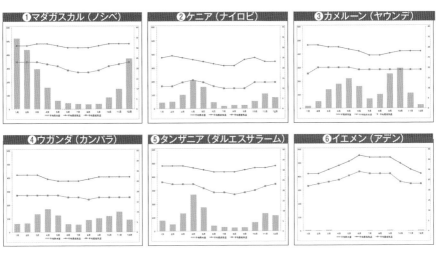

①マダガスカル（ノシベ）　②ケニア（ナイロビ）　③カメルーン（ヤウンデ）　④ウガンダ（カンパラ）　⑤タンザニア（ダルエスサラーム）　⑥イエメン（アデン）

04 | カメレオンの身体

カメレオンの身体について、各部位を紹介する。
それぞれ覚えておけばより理解が深まりやすいので、ぜひ知っておきたい。

※写真はムツヅノカメレオン

クレスト

背や尾の付け根にある帆のような張り出し。種類によってあるものとないものがいる。

フラップ

後頭部にある耳飾りような部分。発達した種類もいればないものもいる。一部の種では動かすこともできる（写真のヨツヅノカメレオンにはない）。

カスク

頭頂部の盛り上がった部分。
種類によって形状に差が見られる。

目

突出した目で、左右別々の方向に動かすことが可能。円錐状のまぶたに覆われ、夜は目を瞑って寝る。ほぼ全方向をカバーでき、獲物を見つけると左右の目で距離を測り、舌を発射して捕らえる。首を動かさなくても真上を見ることができるため、飼育下では光源を直視することも可能。強い紫外線灯を照射し続けると、目が開かなくなったりするなどトラブルの要因にも繋がるので注意。

角

あるものとないものがおり、本数も種類や性別によってさまざま。角の形状も方向もいろいろある。

舌

全長の2倍ほどの長さを噴出することができる。飼昆虫を粘着性のある舌で瞬時に絡めとる。普段は蛇腹状に折り畳まれている。十分な体内水分量が得られないと射程距離が短くなるケースもある。

デュラップ

喉にある皮膚のたるんだ部分。棘状突起などが並ぶ種類もいる。

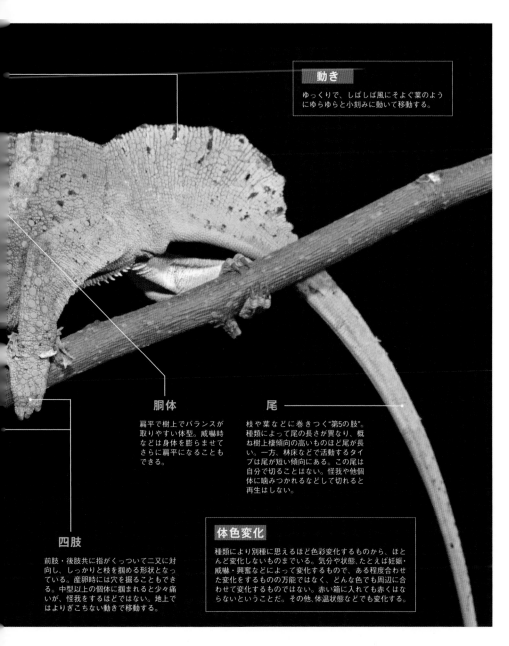

動き

ゆっくりで、しばしば風にそよぐ葉のようにゆらゆらと小刻みに動いて移動する。

胴体

扁平で樹上でバランスが取りやすい体型。威嚇時などは身体を膨らませてさらに扁平になることもできる。

尾

枝や葉などに巻きつく"第5の肢"。種類によって尾の長さが異なり、概ね樹上棲傾向の高いものほど尾が長い。一方、林床などで活動するタイプは尾が短い傾向にある。この尾は自分で切ることはない。怪我や他個体に噛みつかれるなどして切れると再生はしない。

四肢

前肢・後肢共に指がくっついて二又に対向し、しっかりと枝を掴める形状となっている。産卵時には穴を掘ることもできる。中型以上の個体に掴まれると少々痛いが、怪我をするほどではない。地上ではよりぎこちない動きで移動する。

体色変化

種類により別種に思えるほど色彩変化するものから、ほとんど変化しないものまでいる。気分や状態、たとえば妊娠・威嚇・興奮などによって変化するもので、ある程度合わせた変化をするものの万能ではなく、どんな色でも周辺に合わせて変化するものではない。赤い箱に入れても赤くはならないということだ。その他、体温状態などでも変化する。

迎え入れと飼育の準備

| from pick-up to breeding settings |

カメレオンはどこでどうやって入手するのか。
選びかたや持ち帰る際の注意点などから始まり、
飼育環境の準備などを紹介していく。

01 | 購入先と持ち帰りかた

　カメレオンは、ペットショップに常時置いてあるようなものではなく、主にカメレオンに強い爬虫類専門店での購入となるだろう。インターネットやSNSでそういったお店を探すのも良いし、『レプファン』や『クリーパー』などの爬虫類・両生類専門誌などを開くと、たくさんの専門店の広告が掲載されているので、効率良く探すことができる。2021年4月現在、コロナ禍により不安定なものの、各地で爬虫類の展示即売会が催されており、そういったイベント会場で探しても良い。ただ、イベントではどのブースも開催時間が限られているということもあり、じっくりとアドバイスを聞いたりするのが難しい側面もある。そのため、特に初心者は直接専門店に足を運んでの購入が望ましい。専門店探しのきっかけとしてイベントへ行ってみるのも良いだろう。

　欲しい種類が決まっていても、カメレオン各種の流通量は一部を除き不安定なのが現状だ。CB個体の流通が多いものほど入手機会が多く、国内外のCB個体がほぼ全てを占めるエボシカメレオンや、WC個体とCB個体の両方が流通するパンサーカメレオンなどは入手しやすい部類。WC個体が流通の主を占める種に関しては、原産国の情勢などに大きく左右される。タンザニアからの便はかつて大量にあったものの、ここ数年は途絶えており、タンザニアに分布するメラーカメレオンやディレピスカメレオン・ヒゲカレハカメレオンなどを見る機会はなくなってしまった。繁殖が比較的容易でなかったり、当時、WC個体が大量に流通していたため熱心にCB化されなかった背景もある。欲しい種類がいたのなら、その時流通していなくても専門店にリクエストをしておけば、いつか入荷された時に連絡をもらえるなどして入手しやすくなるかもしれない。また、飼育していくうちに何か壁やトラブルが生じた際、プロショップなので相談にも乗ってもらえるはずである。そういった意味でも、安心できる専門店を見つけておくことは大事と言える。

　カメレオンには胎生種と卵生種がおり、WC個体などは現地で交尾を済ませたメスが抱卵（妊娠）した状態で輸入されてくることもある。持ち腹と呼ばれる個体だ。オスを買わなくても仔や卵が得られるからとあえてそれを選ぶのは、初心者は特に避けたほうが無難。デリケートな時期にはるばる輸送されてきており、出産（産卵）後に精魂尽きて死んでしまうケースもままあるのだ。

　実際にカメレオンがやってきたとして、

きちんと世話ができるかどうかもよく検討したい。飼育スペースを確保できるかどうか、与える餌昆虫をコンスタントに入手できるかどうか、家族と同居しているのなら同意を得ているか（餌昆虫も含めて）、夏場や冬場の温度管理ができるかどうか、自分に世話をする時間が十分にあるかどうかなどよく考えてみよう。

　まず、飼育スペースについてだが、カメレオンはヘビなどと比べて必要な飼育容量がずっと多い。これは、カメレオンの空間認識能力が高く、また、飼育環境内に異なる温度帯や明るい・暗いなどの明暗差を設ける必要があるためである。飼育する種類によってそれは多少異なってくるものの、十分なスペースがあるかどうかの事前確認をしっかりとしておきたい。カメレオンの餌は生きているコオロギがメインとなる。近くに餌コオロギを売っているお店があるかどうか、通販してもらえる地域にあなたが住んでいるかどうかなど確認しておく。餌に関しては購入先の専門店に相談しても良い。念願のカメレオンを買ったまではいいが、実際、家に連れて帰ってきてみると

家族の同意が得られず、手放さざるを得ないということにはならないように。カメレオンはOKでもコオロギはNGという人もいる。鳴き声やにおい・脱走したコオロギがどうしてもダメで家族に怒られるという話もよく耳にする。このあたりもきちんと対策や同意を得ておこう。飼育温度に関してだが、夏場は飼育部屋をエアコンで温度管理している愛好家が多い。日本の夏は多くのカメレオンにとって暑すぎるのだ。あなたの住んでいる地域や住宅の構造・風通しや方角などにもよるが、夏場の高温対策は

カメレオン飼育にとって重要な時期となるため、春や秋に購入した初心者は、特に夏場の管理のことも十分想像して飼育をスタートしてほしい。一方、冬の寒さ対策にはさまざまな爬虫類用の保温器具が流通しているので、さほど苦労せずとも管理できることだろう。あえて言うなら電気代がかさむ・エアコンの稼働時はどうしても乾燥しやすくなる・部屋の高低で気温差がややあるといったことぐらいだろうか。

　なお、同じ種類でWC個体とCB個体で飼育するにあたり違いがあるか否か。よく

尋ねられる質問だが、WC個体は厳しい野生を生き抜いてきており、人間に捕獲され日本へ輸送されてきた背景がある。それだけ生命力が強く、踏ん張りがききやすいと言える。飼育環境へも馴染みやすい反面、寄生虫も多い。一方、CB個体は生まれた時から飼育環境下にいるため、最初から人間の作った環境に慣れているのがメリット。寄生虫の心配も少ない。ただし、自然下で淘汰されてきたわけではなく、また、厳しい環境に置かれた経験もない。それ故、アクシデントや飼育環境の変化にも弱いと言える。高山種の場合、WC個体よりもCB個体のほうが断然飼いやすい。これは厳しい環境設定の再現をしなくても済むからで、言い換えれば、最初から人間の作った飼育環境に慣れているためだ。購入時、プライスカードに「WC」「CB」と添えてあることがほとんどなので確認しておくと良い（書いてなくても店員さんに聞けば教えてくれるはずだ）。

欲しいカメレオンが複数匹いた場合（同種の話）、どれを選んだら良いのだろう。専門店なら、状態の整えられた健康個体を販売しているが、念のため、以下のことに注目してみてほしい。

□力強く枝上にいる
□痩せていない
□目がへこんでいない、目がぱっちりと開いている
□口先などに怪我がない。少々の傷であれ

ば問題ない
□脱皮不全を起こしていない
□腰骨が浮いていない
□握る力が強い
□舌を伸ばして捕食できる

さらに、購入時、お店ではどんな餌をどれくらいのペースで与えていたかなども聞いておくと良い。

持ち帰る際は、特に夏場で注意が必要。車で持ち帰るなら、寄り道をしないこと。また、カメレオンを置くのは後ろの席など温度変化の少ない場所で、車内エアコンの送風口付近には置かないように。連れて帰ってきたら、飼育環境に慣れるまで多少調子を崩すこともあるものの、焦らず対応しよう。まず水を飲ませて様子を見る。次に、食べるようなら餌を与える。見慣れない新しい生活環境で餌を食べることができれば、だんだん落ち着いてくれるはずだ。なかなか餌を食べない場合は、水だけ飲ませて消灯し、身体を休ませることを優先する。落ち着かせることが大事なのだ。飼育ケースへカメレオンを移したら、スポットライトの位置と方向・距離を改めて確認しておく。

寄生虫が不安な人はカメレオンの糞を動物病院へ持っていき、便検査してもらっても良いだろう。やがて、カメレオンの状態が落ち着いてから連れて行き、健康診断や駆虫薬を処方してもらう。

02 │ 飼育ケースの準備

　ここからは飼育環境のセッティングについて紹介する。飼育している種類やサイズ・匹数・住宅事情などによって変わってくる部分もあるが、まずは共通事項から。ケースの置き場所は、カメレオンにとってストレスのないような所が望ましい。基本的に彼らは"常に隠れていたい"生き物である。そのために木々に溶け込むような姿をしているわけだ。実際、こちらと目が会うと、"見つかってしまった＝敵（鳥など）に存在がばれてしまった"とストレスを受けてしまい、そのサインとしてたちまち黒い小斑点が現れたりする。また、樹上の生き物で、外敵が鳥などであることを考慮し、ある程度の高さにケースを置きたい。世話のたびに見下ろされるような位置は慣れる個体もいるものの、基本的に彼らにとって好ましくはないだろう。人や他のペット・他の爬虫類（カメレオン含む）が頻繁に視界に入るような場所も避けたい。彼らは単独生活者であり、特にオスはテリトリー意識が高いため、常時他個体が見えていると興奮したり、求愛行動をし続けてしまい、無駄に体力を浪費することになりかねない。ただし、林床に棲むタイプ（ヒメカメレオン属やカレハカメレオン属など）や幼体（野生下でも成体ほど高い位置で生活しない）はその限りではない。ちなみに、餌昆虫のストックケースが見えていると、中で動くコオロギなどに反応してしまうこともままある。"食べたいのに食べられない＝ストレス"となってしまうので注意。ただ、飼育部屋全体をエアコンなどで温度管理している場合、部屋の床面のほうが涼しいので、夏季は高い位置よりも低いほうが彼らにとって気温面ではより快適かもしれない。

爬虫類用ケースでの飼育例

小型のファンで空気を攪拌し、エアコンで基本的な気温を管理。温度勾配はスポットライトにて

メッシュケージでの飼育例

カメレオンが飼育者に慣れているかどうか
なども含め、このあたりは各々の事情に合
わせて調整してほしい。

　飼育ケースはさまざまなものが使える
が、

①温度勾配がつけられるようある程度容量
のあるケース

②空気がこもりにくいようなタイプ

③ある程度高さのある形状

　を意識する。

　爬虫類用ケースなどはスポットライトを
取り付けやすい工夫が施してあったり、上
側ではなく側面の扉を開閉することでメン
テナンスや餌やりが行えるうえ、側面や上
部がメッシュや網蓋となっているため、こ
れらの条件を満たし使い勝手の良い製品と
言える。いずれにせよ、温度勾配や明暗差・
通気性の良い環境などは大きな容量ほど作
りやすい。あまりに小さいとどこに行って
も高温帯になりかねないので、初心者は大
きめのスペースを用意してあげよう。また、
空間認識能力の高い動物なので、閉塞感を
与えないためにも広め広めを意識したい。
ガラス製のケースなどは、ガラス面に自分

の姿が映ることでストレスを感じる場合も
あるので気をつける。必要以上に自分の姿
に萎縮したり、威嚇し続けると多大なスト
レスに繋がってしまう。照明の位置をずら
したり、ガラス面に壁紙シールなどを貼り
付けるなどして対処しよう。

　カメレオン飼育でよく使われているケー
スは以下のとおり。

・爬虫類用ケース

　観察しやすい・見ためも良い・保温性が
高い・通気性も高く、カメレオン飼育に適
している。さまざまな規格が各メーカーか
ら市販されており、入手も容易。通気性が
悪い製品だと高山種にはやや不向きなの
で、そのあたりも留意して製品を選ぼう。
最近では前面が開閉でき、編蓋で側面が
メッシュ状のケースも市販されている。カ
メレオンの目線あたりから餌やりを行える
のもストレスを与えにくくて良い。

・メッシュケージ

　軽量かつ不透明で観察はしにくいもの
の、カメレオンにとっては好都合な製品。
メッシュの目が細かく、コオロギも脱走し

ガラス温室での飼育例

鳥カゴでの飼育例。高さのある製品が向いている

鳥カゴで飼われているパンサーカメレオン"アンバンジャ・レインボー"

にくい。日光浴用や移動用ケースとしても使えるので、普段使いしなくても持っていて損はない。餌箱から食べない個体などにも使える。

・ガラス温室

容量が大きい・観察しやすい・広さ故空気がこもりにくいのが良。置き場所さえ確保できれば最もカメレオン向きと言える。側面を網かメッシュにすればなお通気性を確保できる。熱がこもりやすいので、サーモスタットのセンサーは上部にセットする。

・鳥カゴや小動物用ケージ

背の高い製品が向く。通気性に優れ、カ

メレオンに使っている愛好家も多い。餌昆虫が逃げやすいのと、乾燥しやすいのが難点。下側の半分から1/3ほどビニールシートでぐるっと囲めば、生活スペースの下のほうは湿度が保ちやすい。

・観賞魚用の水槽

爬虫類ケースが流通する以前は、鳥カゴと共にカメレオン飼育に使われていた。空気がこもりやすく、場合により網蓋などを設置するが、爬虫類用ケースやメッシュケージが入手できるようになった現在、あえて水槽を選択する必要もないだろう。湿度を保ちやすく餌が逃げにくいため、ヒメカメレオン属やカレハカメレオン属・幼体

水槽での飼育例

衣装ケースを利用した簡易自作ケージ

大型の観葉植物の上のパンサーカメレオン"ノシベ・ブルー"

オーダーメイドの自作ケージ。栗の木(防水効果が高い)で作成されたもの

パーソンカメレオンのために制作された自作ケージ（幅90×高さ160×奥行き60cm）。ビニールハウス用の素材を用い、下部にはキャスター付き。

などには使える。小型のファンを置いて、中の空気を外に排出するようセットするとなお良い。内壁に鉢底ネットなど網状のシートを貼って、行動範囲を増やしても良いだろう。

・プラケース

幼体や地上棲の小型種向け。

・自作ケージ

自分の好きなケースを自作している愛好家も多い。が、勝手のわからない初心者は既製品を購入したほうが良いだろう。簡単な自作ケースとしては、衣装ケースに土を敷き、そこに観葉植物の鉢を置いて枝組みをし、衣装ケースの高さよりも高い位置ま

で行けるようにした例もある。上に行けば視界も開け空気がこもることもない。下に行くと、鉢周辺や地表面は湿度が高めで物陰ができる。幼体や小型種に向く。

・放し飼い

部屋に枝を渡したり、観葉植物の大きな鉢を置いたりして放し飼いにしているケースも多い。パーソンカメレオンやウスタレカメレオンなどの大型種向け。枝や植物など彼らの"道"を確保する。電気コードやカーテンなども掴まれるものならそれを伝って移動するので気をつける。

木製のOSBボードを用いた自作ケージ（幅42×高さ65×奥行き42cm）。水性ウレタンニスにて塗装。上部と側面はアルミメッシュ。黒い塩ビ板で補強した背面には配線用の穴を空け、底面には塩ビシートで5cmほどの囲いを作り防水。前面にはアクリル板を取り付けマグネットキャッチで固定。下に掛金で脱走防止。自作ドリッパーを水中ポンプで循環（2カ所）に、上部からモンスーンソロで霧を供給。バスキングライトとUVB灯を照射。保温は保温球をアルミダクトしたものをタイマーサーモスタットで管理し、USBファンで空気が流れるようにしてある。

放し飼いの例

こちらと視線が合い、枝の裏側に回り込む。基本的にカメレオンは他者に存在を知られたくない動物である

03 | 飼育気温と湿度

カメレオンの主な生息地であるアフリカ。

朝目覚めたカメレオンは体温を上げに日当たりの良い場所に移動して太陽光を浴び、代謝が上がって活発になると捕食し、餌を消化して、夕方気温が下がると茂みの陰や枝上・葉先などで就寝する生活を送る。これをイメージしながら、飼育環境の設定をしていこう。

一般的なイメージと異なり、彼らが棲む森の中は鬱蒼とし、山風も手伝って涼しい環境だったりする。日本で飼う場合は、暑さ対策が必要となる。カメレオン飼育でよく言われるが、暖めれば良い冬場よりも、夏場の高温をいかにしのげるかがポイント。飼育部屋または飼育ケースの置いてある部屋のエアコンを稼働させて管理するのが手っ取り早い。冬場は、プレートヒーターや保温ランプなどを用いて暖めることができるが、夏季の高温を下げたい場合、エアコンを使えないとなるとなかなか難しい。家の中で最も涼しく風通しの良い場所に移動させるか、毎日凍らせたペットボトルを

飼育部屋にあるエアコンで基本的な気温を管理し、各ケースにスポットライトで温度勾配を設けてある。植物の陰や下のほうは暗く、温度が低い

ケージの上に置くなどする、さらにそれに冷却ファン（観賞魚用に市販されている）を当てるにしても、カメレオンに適した気温にすることはなかなかたいへんだ。高温に強い種（エボシカメレオンやウスタレカメレオンなど）や日本生まれのCB個体ならわりと耐えてくれるが、35℃を超えたり、ずっと30℃を下回らないような気温だと厳しい。できない場合は潔く諦めよう。カメレオンを殺してしまうだけである。各種類の気温の好みは後述するが、理想的には昼間は30℃を超えないようにし、夜間は20℃程度と昼夜で温度差を設けたい（難しくても多少の温度差をつける）。後半の種類ごとの解説で20〜30℃となっていたら、ずっと25℃などにするのではなく、昼間は30℃、夜間は20℃にするという具合である。昼間の30℃でも前後してもかまわない。たとえば、スポットライト下は32℃、そこから離れるにつれて22℃あたりまでと温度勾配を設ける。ライト類を消灯した夜間はカメレオンもじっと寝てしまうため、温度勾配は不要。高山に棲む種類でも一時的なら30℃を超えても平気だが、飼育個体をよく観察し、適正な温度帯を見極めることが大事である。また、飼育環境内を均一の温度帯にするのではなく、勾配をつける。冬季は基本的な温度をエアコンやオイルヒーターな

どで確保し、さらにスポットライトやプレートヒーターを一部に照射（セット）することで、自ずと勾配ができる。カメレオンは自分の好きな気温の場所へ行ったり来たりして好適な場所を自身で選んでくれる。ケース容量があまりに狭いと勾配ができないのでくれぐれも十分なサイズを選ぶこと。また、温度勾配ができていても枝などの道がなく、生活圏が狭くなっていることもあるため、レイアウトにも配慮する。

　具体的に一例を挙げると、エアコンを20℃設定にして基本的な気温を提供し（夏季と冬季の必要な時期）、飼育ケースの一部にスポットライトを照射することで温度勾配を設ける。こうすることで、ホットスポット（気温の高い場所）が30℃、そこから離れるにつれ20℃という環境が再現できる。夜、ライトを消灯すると全体が20℃になり、昼夜の温度差も作れる。言うまでもないが、じっと寝ている夜間の温度勾配は不要。それぞれの温度設定は飼育しているカメレオンの種類や個体の好みに合わせて微調整していけば良い。エアコンを24時間つけることが難しい場合は、ストーブまたは爬虫類用のプレートヒーター・保温球などで適切な気温を確保したい。ケージ上部の上から1/3ほどをビニールクロスなどで覆って保温効果を高めるなど工夫しても良いだろう。

　野生下での彼らの生活を想像してみよう。昼行性の彼らは朝、陽が昇ると目を覚まして体温を高めるために日向へ移動する。そこで、十分な紫外線（太陽光）も浴び、代謝が上がったところで餌を探しに活動を始める。口に入るサイズの餌昆虫を探しに行くのだから、幼体は小さな昆虫の多い地表付近がメインの活動場所だろうし、成体はそれよりも範囲が広いだろう。捕食すると消化のために休み、また餌を探す繰り返し。夕方になり気温が低下してくると、寝込みを襲われないよう葉先や茂みの中などへ移動して次の朝を待つ。そんなイメージを持ちながら、彼らの行動をよく観察して各々調整していこう。たとえば、一番気温の高い場所（ホットスポット）からなかなか動かないようなら、おそらく温度が低すぎる。各種類ごとの適正気温は後述するが、あくまで目安としてほしい。

　湿度はあまり気にしなくて良い。それよりも通気性の確保を強く意識してほしい。植物の鉢植えを入れていたり、床材に土を使っていたり、ドリップの水などで十分な湿度は保持できていることが多いからで、空気の通りを良くしてケース内を蒸らさないようにする。なお、幼体を育成する際は霧吹きの回数を多くしがちで、常時、びっしょりと濡れているような環境にはしないこと。なお、エアコンを稼働させると乾燥しやすいので、低温で湿度不足になったりする状況に陥りやすい。温湿度計でしっかりと数値を確認し、必要ならば霧吹きなどの回数を増やしたり、加湿器を置くなどしたい。

スポットライト

自作の霧発生装置。湿度を提供できるほか、気化熱で気温を下げる効果もある

04 │ 照明について

太陽光はカメレオンにとって他の昼行性爬虫類と同じく重要な要素である。太陽光に含まれる紫外線を浴び、体内でビタミンD3を作り、カルシウムを吸収している。野生下では森の中で、樹の高い場所・低い場所・木漏れ日などを行き来することで紫外線吸収量を調整しているが、飼育下では日光浴をさせるか、紫外線を含む波長の爬虫類用ライトを用いる。ただし、森の中の生き物なので、数値は弱い製品でかまわない。林床に棲むヒメカメレオンなどには設置しなく

ても良いだろう。野生下と同じように朝点灯し、夕方消灯するが、夜勤の人などは昼夜逆転させているケースもある。気候の良い春や秋などはベランダや庭で日光浴をさせても良い。日陰のある風通しの良い場所で、だいたい30分程度を目安に。軽量で移動させやすいメッシュケージが便利だ。カメレオンが外に出たがったり、黒化が終わったら終了の目安。夏場などで体色が黄色っぽくなったらかなり危険なサインなので十分注意すること。日光浴の有無で、餌食い

爬虫類用ライト。紫外線を照射できる製品が良いが、数値は弱いものでかまわない

日光浴をさせる際は観葉植物にとまらせても良いがそばにいるように。メッシュケージごと移動させても良いだろう

や発色・成長速度に顕著な差が見られる。

　飼育環境内にも明暗を作り、紫外線から逃げられる場所も設ける。植物で茂みを作ったり、ライトの位置を半分ずらすなどして明暗は簡単に作れるだろう。種類によって、明るさの好みもある程度異なることも覚えておきたい。概ね、森の奥に棲むような種類は要求量が低く、開けた場所にいるものは高い。飼育しているカメレオンの野生生活を想像しながら、目の前のカメレオンからのサインを読み取り調整しよう。

ベランダでの日光浴

愛好家の飼育ケース例

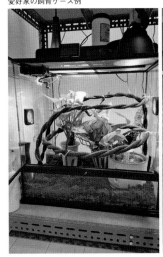

05 | 枝と植物

大型の観葉植物は放し飼いにも使えるし、一時的にカメレオンをとまらせることもできる

　樹上生活を送るカメレオンにとって、枝は彼らの"道"となる。これは幹に爪を引っかけるようなタイプの樹上棲トカゲではなく、四肢の指先で枝を握って移動するため。時には長い尾でバランスを取ったり、尾を枝に巻きつけて上手に枝上を歩く姿はカメレオン飼育ならではの光景だ。

　飼育個体の手のひらのサイズに合わせた太さの枝を渡すことで移動する。水平方向またはやや斜めに枝を渡し、飼育個体が乗っても落ちないよう、ビニタイや結束バンドなどを利用してしっかりと固定しよう。水場や餌場・バスキングスポットなど温度差や明暗差を行き来できるように配置していくが、あまり複雑にしないようにするのがコツ。そして、異なる温度帯に行き来できるよう枝で道を作れているか確認したい。くねくねと自在に曲げられる爬虫類用の擬似枝も市販されているので利用しても良い。枝は剪定されたものや庭に落ちているものなどを拾ってきたり、専門店でも入手できる。天然の枝は念のため熱湯消毒をしてか

ら使うと良いだろう。つるつるした枝は滑りやすいので、ある程度ざらついた質感の枝だとなお良い。また、腐りかけた枝や枯れ枝なども耐久性が低いので、しっかりした枝を選ぶ。

　植物もぜひ入れたいところだ。葉蔭ができるし、緑があるとカメレオンも落ち着きやすい。植物や枝の量の割合は、種類によって異なる。やぶやぶしい環境が好きな種類・オープンスペースがあったほうが良い種類など、飼育個体の特性に合わせてレイアウトしたい。特にエボシカメレオンは食べてしまうこともあるのでフェイク植物でも良いが、生きた植物を入れておくと湿度調整の効果も期待できるだろう。カメレオンがいるため、傷みやすいため、丈夫で広めの葉っぱの植物が向いており、ポトスが使われることが多い。鉢植えごとケース内に置いたり吊るしても良い。地上付近にはプミラなど這うタイプの植物を配しておけば、ヒメカメレオンや幼体などがより快適に過ごせる空間になる。

ロープを利用した自作のレイアウト品。自在に曲げられるロープだけでも使えるが、ワイヤーを巻いてくねくねを維持できるようにしたもの

観葉植物の鉢をそのまま入れたレイアウト

幼体飼育用のケース。飼育個体のサイズに見合った枝の太さを選ぶ

06 │ 床材やその他レイアウト品

床材にはさまざまなものが利用されている。役目としては、

1）湿度保持
2）見ためが良い
3）枝上から落下した際のクッション（潜る種類もわずかにいる）
4）植物を直接植え込む場合の土壌
5）産卵床としても利用される
6）糞などを床材ごと除去できる

などが挙げられるが、飼育ケースやスタイル・カメレオンの種類によって使いやすいものを選ぶと良い。植物の鉢植えをそのまま入れている場合は、あえて敷かなくてもかまわない。林床に暮らす小型種といった地表付近で暮らすカメレオンや、茂みのある場所を好む種類には土などが向いている。一部の種類を除き土に潜るようなトカゲではないので、厚さは数cm程度で良い。床材の種類としては、

・ヤシガラ　爬虫類専門店で使い勝手の良い製品が市販されているほか、園芸店などでも入手可。見栄えが良く、湿度保持に役立つ。

・腐葉土などの土　見栄えが良い。ダニがわきやすいのがやや難点。

・人工芝　水洗いできるものの、糞などの除去にやや手間がかかる。

・新聞紙　見栄えは悪いが、汚れたら丸ごと交換できるなどメンテナンスが容易。

・ペットシーツ　水分を吸収してくれることと誤飲の危険がない・メンテナンスが容易なことが利点。

・フローリング用マット　防水加工の施してある製品を使う。掃除も楽。保湿力は低い。

などがカメレオンの飼育シーンで使われている。汚れたら、一部または丸ごと交換し、清潔な環境を保つようにしたい。

その他、あると便利なグッズを紹介する。

・温度計　数値で気温を把握しておくと良い。温湿度計やデジタル式、爬虫類用の製品など使い勝手の良いものを選ぶと良い。

・ピンセット　餌やりや糞の除去などに便利。給餌用とメンテナンス用と使い分ける。

・霧吹き　植物への給水や滴を飲み水として。爬虫類用の霧吹きも使い勝手が良い。

・洗浄ボトル　あると便利。水入れや植木鉢への給水、カメレオンの鼻先に滴を落として飲ませるなど。

・目隠し　観賞魚水槽用のバックスクリーンなどで、他個体が見えないように使うこともある。

・ファン　小型の換気扇。ケースの中から外へ排出するように置く。爬虫類用製品も流通する。

・ビニタイ　結束バンドでも良い。枝などの固定に重宝する。グルーガンも使える。

07 │ タイプ別飼育環境

①オープンスペースのあるタイプ

このレイアウト向け

エボシカメレオン	スパイニーカメレオン
パンサーカメレオン	ディレピスカメレオン
テングカメレオン	セネガルカメレオン
ウスタレカメレオン	グラキリスカメレオン　など

　中型から大型種が多く含まれ、乾燥した地域や草原・農園・人里周辺などわりと開けた場所の植生に暮らす種類が含まれる。森の奥よりも気温・紫外線量も高く、乾燥気味の環境だ。茂みや木陰に行くと涼しくなり、薄暗い。湿度も高いだろう。彼らの生活史を思い描きながら、レイアウトはあまり複雑にせず、オープンスペースを他のタイプより広く作ってあげよう。わりと高温に耐え、30℃を多少上回っても大丈夫。ただし、ずっと高い気温のままにはしない。日光浴をさせたり、紫外線を含む爬虫類用ライトを照射する。飼育難易度は低く、初心者向けのカメレオンが多く含まれる。

飼育例

②一部に茂みを設けるタイプ

このレイアウト向け

ジャクソンカメレオン	ショートホーンカメレオン
プフェファーカメレオン	フィッシャーカメレオン
ヨツヅノカメレオン	ジャイアントフィッシャーカメレオン
グロビフェルカメレオン	タスキカメレオン
オショネシーカメレオン	タベタヌムカメレオン　　　　など

主にサバンナや乾いた林・丘陵地などに暮らし、ある程度のオープンスペースを必要とするタイプで中型種が多く含まれる。明るい環境を好む面もあり、そこそこの茂みを設けるが、藪藪しくするほどではない。比較的活動的で、先のオープンスペースのあるタイプほどではないにせよ、動きやすいようレイアウトはややシンプルに。特にメルモンタヌス亜種は茂みを多めに。気温は昼夜の温度差を設け、爬虫類用ライトを照射する。飼育個体が環境に慣れてきたり、その他の理由で③茂みを設けるタイプや④鬱蒼と茂らせるタイプに変更しても良いだろう（飼育個体のサインを読み取って柔軟に対応してほしい）。カメレオン飼育ではスタンダードなタイプ。

飼育例

③茂みを設けるタイプ

ヤマカメレオン	ジョンストンカメレオン
ベーメカメレオン	ワーナーカメレオン
ヘルメットカメレオン	ハチノスカメレオンの仲間　　　など

広いオープンスペースは作らず、枝と植物で明暗差などを作ってあげたい。中型から小型のカメレオンが多く含まれるグループで、飼育難易度は種類によって異なる。高山種は低温に強く高温には弱い面がある

ので、夏場は温度管理に配慮する。基本的な温度設定も低め。スポットライトは設置しないか弱めでかまわない。飼育は難しい部類ではなく、中型種以上は容易。

飼育例

ヘルメットカメレオン

湿度管理と通気の工夫。霧を発生させて湿度を高めたり、飼育部屋に観葉植物やサーキュレーターを設置した愛好家の例。飲み水も犬猫用の製品で動かすことで湿度を高める効果も期待できる

④鬱蒼と茂らせるタイプ

このレイアウト向け

ウィルズカメレオン　　　　　　イバラカメレオン
ペッテルズカメレオン　　　　　ホカケカメレオン
ピーコックカメレオン　　　　　ナスタカメレオン
ミノールカメレオン　　　　　　ハラオビカメレオン
オーウェンカメレオン　　　　　ベドガーカメレオン　　　　　　など

飼育例

オープンスペースは作らず、茂みの中にじっと身を潜みたいタイプ。外見もより植物的なものが多い。暗い場所を必ず設けるようにする。小型種を中心としたグループで、身体が小さい分、飼育のやや難しいものが多い。小さなスポットライトを一部に照射する。

01ヤシガラ。ヤシガラ土とも　02コルク板　03ビニタイ。枝の固定などに　04デジタル温度計　05イオレイズ。消臭・抗菌・防カビ効果が期待できる　06ピンセット。爬虫類専門店などで入手可　07シリコン。たとえばケース内壁に太い枝やコルク板を接着したい時に使える　08小型のファン

⑤林床タイプ

ヒメカメレオンの仲間
カレハカメレオンの仲間 など

　地表付近を活動場所とするグループ。ヒメカメレオンやカレハカメレオンの仲間が含まれる。高さのあるケースではなく、水槽や爬虫類ケースなどが向くが、多少の立体活動を行うので、流木のほかつる植物や細い枝などを渡してあげたい。床材は土を用いる。夜間は細い枝に登って休むことも多いだろう。また、コルク板などを立てかけるように配し、暗い場所を設ける。飼育難易度はさほど高くない。

この仲間にはコルク板の陰や落ち葉なども良いシェルターとなる

⑥その他

このレイアウト向け

パーソンカメレオン　　　　　　　ナマクワカメレオン
メラーカメレオン　　　　　　　　　　　　　　　　　　など

大型で放し飼いにしていることも多い大型種は、砂漠に暮らすナマクワカメレオンなど。最重量の大型種パーソンカメレオンは森の奥で暮らし、飼育下でも明暗を必ず作ってやるが、大型故、放し飼いにしているケースも多い。メラーカメレオンは大木の樹冠部にいるため、飼育下でも高い位置へ行きたがる。飼育環境も広く取り、放し飼いにしている愛好家も多い。

放し飼いの例

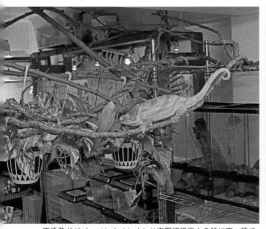

不活発だがパーソンカメレオンは空間認識能力の特に高い種で、放し飼いが向いている

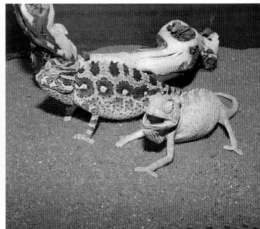

ナマクワカメレオン

日常の世話

| e v e r y d a y   c a r e |

ここからは日頃の世話、餌やりや水やりなどを紹介する。
カメレオンならではの工夫が独特で楽しいはずだ。
餌を食べてくれた
水を飲んでくれた
という喜びをより得られるであろう、それがカメレオン飼育。
ぜひ楽しんでみてほしい。

01 ｜ 餌の種類と給餌

　近年、さまざまな爬虫類用人工フードが開発されており、グラブパイやレオパゲルといったトカゲやヤモリなどに与えることのできる餌も市販されている。しかし、カメレオン専用の人工フードは未だ開発されていない。動くものに反応して食べる性質の強いカメレオンには、においや色でそれが餌だと認識させることができないからだ。よって、基本的に与える餌はさまざまな生きた昆虫となる。餌昆虫は爬虫類専門店のほか、観賞魚店などでも流通し、コオロギなどは好きなサイズを選べるため、飼育個体に合わせて選択することができる。ピンセットから与えていると、慣れる個体は摘むだけで捕食するようになることがある。その場合は冷凍の餌昆虫も使えるだろ

う。専門店でたくさんの冷凍餌が流通する。
　理想的には多種多様な餌を与えたいところだが、コンスタントに入手ができるかどうか、コストなども考えよう。適切に飼育していれば、主食となるコオロギだけでかまわない（サプリメントで栄養価を高める）が、カメレオンに与えることのできる餌昆虫を以下に紹介する。

【専門店などで流通する餌昆虫】

・フタホシコオロギ　入手の容易な餌昆虫。さまざまなサイズが市販されている。黒コオロギは大きく、大型個体を飼育している場合に向く。動きはやや速い。栄養価が高く主食となる餌。
・イエコオロギ　フタホシコオロギと同様、

フタホシコオロギ。ピンセットで腹部あたりを挟む

イエコオロギ

ミルワーム

入手は容易でサイズもさまざま。動きはフ
タホシコオロギよりも速いが、水切れに強
くロスが少ない。フタホシに劣るものの栄
養価は高く、主食となる餌。

・ミルワーム　専門店のほか、ホームセン
ターなどでも入手できる。動きはもぞもぞ。
ゴミムシダマシの幼虫で、遅かれ早かれ蛹
になり成虫に育つ。ストックは容易で、ロ
スもほとんどない。栄養価はコオロギより
低く、主食にしない。

・ジャイアントワーム　ジャイアントミル
ワームの名で流通する。専門店などで入手
可。動きはもぞもぞ。ストックは容易。ミ
ルワームよりも栄養価は高いものの、主食
にしない。

・ハニーワーム　専門店などで入手可。ハ

チノスツヅリガの幼虫で、動きはもぞもぞ
でゆっくり。ストックは容易だが、おやつ
代わりに。

・シルクワーム　専門店などで入手可。カ
イコガの幼虫で、動きはもぞもぞでゆっく
り。白さと動きが食欲をそそり、カメレオ
ンの反応はたいへん良いが、主食にはせず
おやつ程度に。最終令の幼虫はサイズも
あって使いやすい。

・デュビア　餌用のゴキブリでストックも
繁殖も容易。苦手な人も多いが、使いやす
い餌。コオロギよりも水分量が少ない。

・レッドローチ　餌用のゴキブリ。デュビ
アより苦手な人が多いものの、こちらも使
いやすい。サイズはデュビアより小さく、
多くのカメレオン向き。

ハニーワーム

シルクワーム

デュビア

・ショウジョウバエ 専門店などで入手可。ヤドクガエル用の極小餌昆虫として流通する。生まれての小さな幼体に使えるが、舌を噴射して餌を捕るカメレオンが疲れてしまいやすい。コオロギを食べられる個体には素直にコオロギを与えよう。

・ワラジムシ 幼体やヒメカメレオン・カレハカメレオンに使える。

・ピンクマウス パーソンカメレオンやメラーカメレオンなどの大型種に使える。栄養価も高く、大型種の場合、産後のメスにも良い餌となる。

・トカゲ用人工飼料 ピンセットから食べる個体には使えるが、基本は餌昆虫を与えたい。

良し。まとめて採集し、冷凍してから使う人もいる。

・チョウ 使うのは主に成虫。飛ぶ餌のため、給餌メニューに変化をつけられる。

・カマキリ 緑色の体色が魅力的な餌。カマは取り除く。卵を孵化させると幼体の育成に使える。

・イナゴ・バッタ こちらも緑色のものが多いのが魅力。総じて、緑の餌・飛ぶ餌には反応がかなり良い。

・蜂の子 栄養価に優れているが、入手しにくい。

・肉類 食肉用のササミ・ムネ肉・モモ肉などもピンセットから餌を食べる個体には使える。

【採集できる餌昆虫・その他】

・セミ 季節ものだが、カメレオンの反応

【給餌ペースと量】

目安として成体には2、3日に1度、幼体

ワラジムシ

冷凍ジャイアントコオロギ

冷凍セミ

には毎日与えるが、飼育気温や食にも個性があり、各々が調整していこう。成長に伴い、餌のサイズもたとえばエボシカメレオンやパンサーカメレオンの成体には一番大きなフタホシコオロギやイエコオロギを、幼体にはSサイズコオロギ、成長につれてMサイズとアップさせていく。動きと色の違うフタホシコオロギとイエコオロギを交互に与え、餌飽きを防止する方法もある。あまりに小さな餌を与えると舌の発射回数がやたらと増えてしまい、体力を消耗してしまうので、飼育個体をよく観察して適性な給餌サイズと量を見極めたい。ただし、生まれたての幼体は食べすぎてしまうこともあるので、あまりにも太らせないように。なお、出産（産卵）前のメスにも毎日与える。1度に与える量は腹八分目にする。一度、与えるだけ与えて匹数を知っておけば良い。5匹でお腹いっぱいになるなら、次からは4匹、という具合に。なお、入荷されて間もないWC個体は満腹になるまで与えよう。

また、餌昆虫をカメレオンに与える前に、栄養価を高めておきたい。コオロギには野菜類や専用フードを与えられるし、ミルワームやジャイアントワームには野菜やふすまなどを与えてぱんぱんに太らせてから与える。また、給餌前にはカルシウム剤をまぶしてさらに栄養を添加させる。幼体・妊娠中のメスには多めに栄養剤を添加し、それ以外（通常時）は週に1回程度の使用で十分。

冷凍バンブーワーム

冷凍フィールドクリケット

冷凍ケラ

冷凍グラスホッパー

02 ｜ 給餌のコツ

給餌は基本的にコオロギを、できれば触覚や脚を取り除いてからピンセットで与える。餌入れを用意し、そこから捕食させても良い。給餌メニューは豊富なほうが良いと思うが、現実的に考えると、コオロギを食べるならそれのみでもかまわない。コオロギに餌を与え、カルシウム剤をまぶして与えれば栄養面では問題ないはずだ。かわいがるあまり、他の餌を与えてコオロギに反応が悪くなってしまうと、それこそ栄養面で偏りが出てきたり、コンスタントな餌の入手が難しくなってくることもある。

給餌後は消化できるよう体温を高めることのできる場所を設けておくことも大切。基本的には午前中か昼頃、ケース内の気温が上がり、カメレオンの体温も上がって代謝が活発になった頃が給餌のタイミングだが、仕事や学校の都合などもあると思う。タイマーでスポットライトの点灯を早めにするなど各々、自分の生活スタイルに合わせて調整してほしい。体温がこれから下がっていく消灯前の給餌は避けたほうが良いだろう。与えかたにはいくつかやりかたがある。

1）ケージに放す　幼体や小型種・反応の鈍い個体には逃げる餌昆虫を追わせる。

2）ピンセットから　給餌量を把握できるのが大きなメリット。運動量が減ってしま

うのがデメリットだが、射程距離を考えてある程度離した位置から餌に気づかせたり、多少追わせるようにして与えてやるとなお良い。

3）餌入れから　手間はかからないものの、個体ごとの給餌量を掴みにくい。餌入れにあらかじめカルシウム剤を撒いておくと、コオロギのお腹に付着して添加できる。床面ではなく、枝や壁面にひっかけるように設置し、彼らの生活圏に置いたほうが食べやすいが、毎回、舌をさほど伸ばさず捕らえることができる状態だと、舌が十分に

舌を伸ばすパーソンカメレオン

エボシカメレオンは植物質も食べる（写真は豆苗）

カルシウム剤

サプリメントは餌入れに入れても良いし、まぶしてから与えても良い

伸びなくなることもある。なお、食べ残しの餌は取り除くこと。

　動きに反応して捕食するカメレオンには生きた昆虫を与えるが、ピンセットで摘んで給餌していると、それに慣れて、冷凍昆虫などを与えることができる。冷凍コオロギや、採集してきたセミやバッタなどを冷凍保存しておけばそれも使えるし、近年ではさまざまな冷凍昆虫が専門店などで入手できる便利な時代になった。冷凍餌などの死に餌は、摘んだピンセットを動かすとより反応してくれるだろう。また、ピンセットから与える場合、コオロギは腹部あたりを摘んでカメレオンが食べやすいようにする。先端をカメレオンに向けないように摘んで舌が傷つかないようにしよう。できれば餌とカメレオンの距離も考える。理想的にはぎりぎり射程距離内で与えたい。食べ

餌箱から捕食する

餌を食べるパンサーカメレオン

やすいように近くまで持っていくと、CB個体など舌の射程が短くなってしまうこともある。WC個体よりもCB個体のほうが射程が短いことが多い理由としてこういったことも影響していると考えられる。一方、小型種や幼体などピンセットで摘みにくい場合は餌入れから与えることになる。

　適切な飼育環境と餌やりを行っていれば、コオロギだけでも餌に飽きてしまうことは基本的にはない。ただし、他個体からの過度な刺激による精神的ストレス・口の中を傷つけてしまった・給餌間隔がかなり空いた・水分摂取量が少ないなどが原因で、拒食することもある（産卵間際のメスは食べないことも）。その場合の対処法を紹介する。

1) いろいろな餌を試してみる
2) 餌の動きや色を変える。コオロギの脚を取ったり、カルシウム剤をまぶして白いコオロギにするだけでも食べる場合がある。
3) 違うケージに移して飼育環境を変える
4) 餌入れの場所を変える（高い場所にするなど）
5) 飼育温度と湿度を高める（冬場に気温が低下したため代謝も落ちている）
6) 日光浴をさせる
7) 他の動物から見えないようにする
8) 与えかたを変える。餌箱・直接与える・餌昆虫を枝に放して歩かせるなど
9) 通気の確保などの改善をする
10) 床材をペットシーツに変えて餌を認識しやすいようにする

03 | 飲み水と給水

　カメレオンを飼育するうえで水は大切な要素。他の生きものも水は必須要素だが、樹上生活を送るカメレオンに水を飲ませるには少しの工夫がいる。水入れに水を入れて置いただけでは飲んでくれないことがほとんどだ。

　野生下で雨が降ったり朝露で葉に水滴ができると、太陽光できらきら輝きながら葉上を流れ落ちていく。そのことに慣れているカメレオンは、動きや特に水の反射（きらめき）がないとそれが水だと認識できない。そこで、飼育下では水入れに注いでおくだけでは飲んでくれず、動きのある水を提供しなければならないわけだ。理想的にはいつでもカメレオンが好きな時に新鮮な水が飲める状態にしておくこと。夜はカメレオンも寝るので、起きている時間だけで良い。ただし、ドリップなどであまりにびちゃびちゃになるような事態は避け、プラケースで水を受けるなど工夫しよう。

・ドリップ　自作することもできるが、便利な爬虫類用製品も流通する。ボトルを飼育ケースの上に置いて水を入れ、チューブから滴をぽたぽたと垂らすことで水を飲ませる。水滴は葉幅の広い植物に垂らすようにすると良い。活動時間中、常に水が飲めるわけではない点がやや難点。

・霧吹き　カメレオンのそばの葉や壁面に噴霧し、水滴を飲ませる。ドリップと併用しても良い。ただし、脱皮中の個体の身体に向けないこと。

・犬猫用給水器　小型の給水器で、濾過フィルターを備えたポンプが内蔵されており、常に流れる水を飲ませることができる。設置場所が床面になりやすいので、棚を作っ

愛好家たちのさまざまな工夫例

て飼育環境の中層あたりに設置する・パイプを挿してフェイク植物を絡ませるなど工夫している愛好家もいる。

・エアレーション式　水入れにエアストーンを入れてエアポンプに繋ぎ、水面に動きをつける方法。飛沫が近くの葉に付いて滴となるような感じだとなお良い。

・自作給水器　半分に切ったペットボトルを逆さまにして蓋に穴を空けてチューブを差し込み、エアーを送る自作給水器など、愛好家が自作しているケースもある。

なお、チューブを用いる場合、コック（観賞魚店などで入手できる）を取り付ければドリップ間隔を調整できる。また、水面にライトを当てることで反射させ、きらめかせることでより認識させるなどの工夫もある。日光浴の際などシャワーで水をかけてやると、太陽光でキラキラ輝く水滴によく

反応する。いずれにせよ、使用する水は新鮮なものを用いる。脱水気味の個体には粉末のブドウ糖を溶かして与えても良い。

一方、植物などに給水したり、全体の湿度を高めるために飲み水とは別に霧吹きを行う。湿度が不足していると目を瞑りがちになるため、そういったサインが見られたら霧吹きの回数を増やしてみる。鳥カゴなど乾燥しがちなケースである程度の湿度を得たいのなら、周囲をビニールシートで覆ったり、観葉植物の鉢を入れるなどする。湿度計を設置しても良いが、ドリップなどで飲み水を与えるカメレオン飼育は床面がびちゃびちゃになりがちで、よほど乾燥しないかぎり湿度を気にすることもないだろう。むしろ、高湿度で空気が籠らないよう配慮すべきである。必要に応じてファンを設置するなどしたい。

スポイトから水を飲む

04 | メンテナンスとハンドリング

　基本的にカメレオンは"存在を相手に悟られたくない動物"である。外敵から身を守るため、餌昆虫などに忍び寄るため、彼らは擬態し、抜足忍び足で近づく。1歩を進むにも風に揺らぐ葉のようにかくかくした動きで、敵が視界に入ったら枝の裏側に回り込んだり、茂みの中に潜んだりする。飼われていることにすっかり慣れた個体はその限りではないものの、こちらの顔色を常に伺い、目を合わせただけで緊張し、身体中に

小斑点が現れたりするのがカメレオンだ。とはいえ、飼育しているとどうしてもハンドリングせざるを得ない状況が出てくる。ケースの掃除や日光浴で外に出す時など、カメレオンをうまく誘導してあげよう。枝の代わりに手を差し出し、道を作ってやる。上から鷲掴みなんてご法度だ。最も嫌いな鳥に襲われた時と同じ気持ちを味合わせてしまいかねない。ストレスは極力少なくし、凝視するようなことはせず、ハンドリングす

ハンドリング例

脱皮しているパンサーカメレオン

る際にはそのあたりも強く意識してほしい。

　まず手や枝をカメレオンの前に差し伸べ、掴んでくれたならそのままで良い。出なければ、後ろをかるく突いて前に進める。四肢が手や枝に乗ったらすくい上げるような動作で。この際、尾が枝や葉に巻きついていることもあるので注意し、そっとゆっくりと。前に進んだら、もう片方の手で道を作りながらハンドリングをする。個体や種類によっては飛び降りることもあるので、なるべく低い位置で移動させる。

　カメレオンを別の場所に移動させたら、ケースの掃除を行う。床材の交換や食べ残しの除去・電球類の交換・飲み水の交換・ガラス面の掃除など。なお、脱皮前のカメレオンは食欲が落ちることもある。カメレオンを移動させなくても良いのなら、そのままでかまわない。また、ハンドリングしている時に、握力や体重などもチェックしておきたい。

パーソンカメレオンの脱皮前と脱皮して鼻先の突起も体色もきれいになった。鼻先の脱皮殻はすっぽりと抜け落ちた

05 | カメレオンからのサイン

カメレオンからのサインを一覧にしてみた。飼育する際の参考にしてほしい。

・くすんでいる
脱皮前・老化・気温が低い

・黒い模様が出る
緊張・怒り・発情

・真っ黒になる
寒い・体温を上げたい・紫外線量が多い・メスがオスを拒絶・極度の緊張・ストレスを受けている・畏縮

・白っぽくなる
暑い・体温を下げたい・リラックス時

・黄色っぽくなる
気温が高い・他個体からのストレス・婚姻色など（ディレピスカメレオン・デレマカメレオン）・"緑系パンサーカメレオン"の興奮時・ペッテルズカメレオンの妊娠したメスがオスを拒絶・死ぬ間際

・派手になる
婚姻色・オス同士の威嚇・メスがオスを拒絶

・明るくなる
眠い・摂食などの活動時・状態が著しく低下している

・身体を広げている
体温を上げたい・威嚇

・口を開ける
気温が高い・体温調整・呼吸器系の病気・餌が大きすぎる・威嚇・攻撃態勢

・呼吸が荒い
脱水・呼吸器系の病気

・激しく動き回る
環境が悪い・高温すぎる・複数飼育下での威嚇・テリトリーの確保

・枝から下りる
レイアウトが気に入らない・健康状態の悪化・四肢の障害（握力の低下）

・餌を食べない

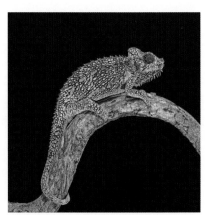

ヘルメットカメレオンのバスキング時のカラー

ストレス・産卵前・口腔内の病気・怪我・適正温度でない・餌の種類の変更

・舌が伸びない

　水分が足りない・怪我をしている・CB個体の狭い環境や餌入れからの給餌での長期飼育

・スポットライトの下でグッタリしている

　紫外線を要求している・夜間の温度が低い状態

・脱皮がうまくできない

　湿度が不適切・気温が低い・栄養不足・水分不足

・両目を閉じる

　ストレスを受けている・紫外線量が多い・温度が低い・長期にわたる水分不足

・片目を閉じる

　怪我・白内障・目やに

・目をしばつかせる

　湿度が低い・明るすぎる・目の掃除

・目がへこむ

　脱水・ストレスを受けている・高温状態が続いている・健康状態の悪化・不規則な照明点灯時間

・成長しない

　餌の量が少ない・特定の栄養素が不足・ケージが狭い・運動量が低い・温度が低い・体質の問題・幼体時期の過食による肥満・投薬の影響

パーソンカメレオンの脱皮

06 | 健康チェックなど

　カメレオン飼育でよく耳にするトラブルや質問などをまとめた。病気や怪我をした場合、自分で処置するようなことはなるべくせず、爬虫類を診てもらえる動物病院へ連れて行き、獣医師の診断を仰いだほうが良い。動物病院もさまざまで、犬猫専門のところもあれば、小動物まで対象の医院、爬虫類を診てもらえるところなどいろいろだ。購入先の専門店に相談すれば近くの病院を紹介してくれるだろう。

・大きなダニもしくは赤い小さなダニが付いている

　ダニやノミ用の薬を使ったり、ピンセットなどで取り除く。適切な環境で飼育していると、自然とダニはいなくなるはず。除去後、再びダニが付いていないか確認し、困難な場合は獣医師へ相談する。

・怪我を負った

　複数飼育や交尾時に噛まれることもあるが、軽傷なら問題なく1週間程度で治ることがほとんど。脱皮すればほぼ完治する。かなりの大怪我なら獣医師の元へ連れていく。

・脱皮不全を起こしている

　不要な皮が手で取れるようなら剥いてやろう。特に小型種などは四肢の裏に残っただけで握力がなくなり、死亡するケースもあるので要注意。なお、皮が白く浮き上がってきた時に霧吹きで身体を濡らしてしまうと、脱皮不全に繋がる。

・呼吸がおかしい

　喉の通りを良くしたいような、上半身を

パーソンカメレオンの体重測定。前後で糞をした結果、1回の糞は30g

目脂を取り除いたところ。獣医師に処置してもらおう

まっすぐ伸ばすポーズをしているなら、湿度不足または水分摂取量の不足サイン。呼吸する際にヒューヒューとおかしな音をたてるようになる。初期のうちに水を十分に与え、進行が治まらないようであれば、獣医師に相談する。

・マウスロットになった

これも水分の不足が要因となっていることが多いようだ。十分水を飲ませ、歯磨きをするような感じで綿棒を用い、口の中の粘着物を取り除いてやると、口の動きがスムーズになって治ることも多い。普段からよく観察し、早めに対処したい。

・舌が伸びない

数日間伸びないのなら健康上は問題ないが体内の水分不足だと思われる。長期的に伸びないのなら、特にCB個体の成体を飼育していて、餌箱から与えた場合に耳することが多い。射程距離を伸ばす目的で、餌昆虫をばらまきで与えてハンティングさせるリハビリを繰り返してみよう。ピンセットでギリギリの射程距離で餌を捕らせ、だんだんと伸ばしていくやりかたもある。その際、十分に水を飲ませること。こうすることで改善することもある。

・目を瞑ってしまう

片目か両目かで対処が異なる。片方なら目のトラブルなので、購入先のショップに相談するか、獣医師の診断を仰ぐ。両目なら環境のセッティングなど飼育の問題であることが多い。飼育環境を見直す。

・カメレオンの寿命について

野生下とは異なるが、飼育下で3〜5年、長い種類で10年、短い種類で2〜3年ほど。パーソンカメレオンでは推定14年以上生きた例もある。ジャクソンカメレオンのキサントロプス亜種で8年以上、小型種のウィルズカメレオンでも6年以上の報告もある。

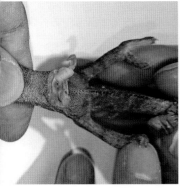

総排泄口に溜まった蠟状の固形物

前肢を骨折したレントゲン写真（パーソンカメレオン）

カメレオンの繁殖

| b r e e d i n g |

繁殖サイクルが短いカメレオン。
熱心な愛好家は繁殖させて長い間カメレオン飼育を楽しんでいる人もいる。
入荷も不定期で、現在は欧米から各種のCB個体が輸入されてくるが、
日本でもCB個体を殖やしていきたいものだ。
次世代の愛好家に繋ぐためにも…。

01 | 繁殖させる前に

現在、爬虫類を繁殖させ、CB個体を譲渡・販売するには、法律上、動物取扱業の取得が必要となる。つまり、繁殖させたCB個体をブリーダーズイベントなどに参加し、販売するには免許を取らなければならないわけだ。爬虫類は犬猫と同じように扱われている結果だが、そもそもの生活スタイルが全く異なる生き物なので、各所から問題提起もされている。とはいえ、法律は法律で守らなければならない。この法律は定期的に改正され、また、自治体ごとに細かな部分が異なることもあるが、殖やして販売したいと考えている人は動物取扱業の取得を検討してほしい。ただし、繁殖した個体を全て自分で飼育するなら不要である。幼体時は一緒に飼育できるが、全員がうまく育ったのなら、個別飼育に切り替えなければならないだろう。そのスペースがあるかどうか、餌を確保できるかどうか、そして、世話をやり切れるかどうかもよく考え、繁殖を視野に入れてほしい。

なお、カメレオンは多くの種類で十分な繁殖データが得られていない。うまく成功したのなら、ぜひ爬虫類・両生類専門誌『クリーパー』などに繁殖レポートを投稿してほしい。そうすることで、繁殖情報を全国の愛好家で共有することになり、国内の技術が向上していくはずだ。ベテランのカメ

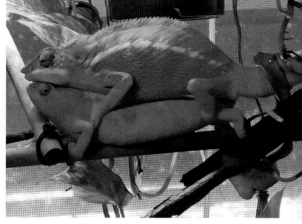

レオンのプロたちが教えてくれた技術があったからこそ、現在、私たちはカメレオンを飼育することができている。今度は、これを読んでいるあなたがさらに確立させていってもらえたのなら、長年、カメレオンと付き合ってきた筆者としてこれ以上の喜びはない。

カメレオンを繁殖させるには、健康に育ったペアを揃えることが大前提となるが、1つ例外がある。持ち腹個体と呼ばれるメスを入手した場合だ。これは野生下で交尾を終えた状態で輸入され、妊娠または抱卵しているメスを指す。持ち腹個体1匹を連れて帰ってきたら産卵もしくは出産することもよくある。ただし、初心者で持ち腹個体を購入するのは避けたい。抱卵（妊娠）しているメスはだいぶデリケートな状態で、遠いアフリカやマダガスカルから輸入されてきており、飼育難易度は相当高いからである。往々にして、産卵（出産）したとしても、その後、そういったメスは死んでしまう。産後のメスを立ち上げるのはプロでも困難。そのことを知っているベテラン愛好家は持ち腹個体をまず選ばない。このことはぜひ覚えておこう。

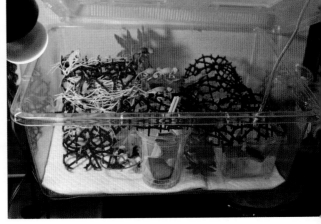

02 | 性成熟と雌雄判別

　WC個体でもCB個体でも繁殖させるには、性成熟したペアを状態良く飼育させることから始まる。カメレオンは生後1年前後で性成熟すると言われているものの、一概には言えない。焦らずじっくりと育て上げ、繁殖という大イベントを迎えてあげさせたいものだ。性成熟しているかどうかはサインから見極めることもできる。エボシカメレオンは生後半年〜1年ほどで性成熟をし、黄の発色が現れる。メスはオスより遅いことがほとんどだ。オスを見せても嫌がらなければいいというわけでもないし、若すぎて身体が小さいとうまく産卵できない。パンサーカメレオンはメスの場合、体色が薄くピンクがかっていたら発情のサイ

ン。個体を意識させると、発情を促せる場合もある。日頃から観察し、発情のサインを見逃さないようにしたい。

　前後するが、各種類の雌雄判別について。カメレオンは性的二型が顕著な動物で、たいていの種で判別が可能である。各種の解説でも触れているが、オスのほうが身体が大きいことが多く、尾の付け根が膨らむ。頭部もがっちりしていることが多い。一部にはメスのほうが大型だったり、尾の膨らみに差異が見られないなどの種類もいて雌雄判別が難しいものもいる。エボシカメレオンなどは幼体時からわかる判別ポイントがあり、オスの踵には小さな突起が見られる。

性成熟したテングカメレオンのオス

発情したパンサーカメレオンのメス

一部の種類は後肢の踵にある突起で雌雄が判別できる。これはエボシカメレオンのオス

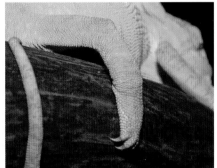

エボシカメレオンのメス。突起はない。幼体時からこの点で区別可能

エボシカメレオンの妊娠時の体色。通常時よりも派手な配色となる

03 | ペアリングと産卵(出産の準備)

パンサーカメレオンの交尾

ジャクソンカメレオンの交尾

　十分に性成熟し、交尾ができるようなペアが揃ったところで、いよいよペアリングを行う。それまで単独飼育をしていた雌雄を一緒にするが、いきなり同居させず、まずはケース越しに互いの姿を見せてペアの行動や配色をよく観察してみよう。やる気のあるオスはメスが視界に入るとボビングを開始する。頭をかくかくと小刻みに動かす行動だ。より派手な体色になって、メスに近づこうとする。パンサーカメレオンの場合、オスの目には放射状の模様が現れる。一方、メスは受け入れる気がないと威嚇行動を取る。オスが視界に入っても威嚇しないのなら、オスをメスのケースに移動させてみよう（うまく成立しない場合は逆）。オスが近づき、メスの後ろから被さるようにして交尾が成立する。うまくいかなかったのなら、いったんペアを分け、翌日以降に再びペアリングを行う。メスの受け入れる気がなくならないうちに、当日の夕方から翌々日までには再度チャレンジしてみよう。交尾を確認したらいったん分けるが、受精率を高めるため、2〜3日ほど同居させる場合もある。交尾時間は10〜40分程度。交尾後のメスはオスを拒絶するようになり、パンサーカメレオンのメスの拒絶カラーは黒とオレンジの配色となる。なお、同居させる前に、枝上で2匹が交尾行動を行えるだけ

の太い枝をしっかりと固定しておくこと。交尾の妨げにならないようレイアウトはシンプルにしておくと良い。交尾後のメスにはカルシウム剤をいつもより多めに与えておこう。

　高山種をペアリングさせる場合、午前中に給餌してバスキングしているくらいの、カメレオンが最もリラックスしている時に行うのが良い。というのも、パンサーカメレオンよりも神経質なメスが多いように感じるからだ。ペアで同居飼育していた場合は、一度別々のケースで単独飼育してからペアリングさせる。いずれにせよ、交尾日はメモしておく。個体により多少前後することがあるが、産卵（出産）日の目安にはなるだろう。胎生種は卵生種よりも妊娠期間が長いので、母親の行動をよく観察する。

　身篭っている母親には特にケアをしよう。胎生種は体内で成長する仔たちの栄養分も摂取しなければならないため、特に栄養面を十分配慮した給餌と給水に加え、身体を暖めることのできるホットスポットを用意すること。低温下での出産は死産率も高まる傾向にある。

　出産が近い母親のサインとしては、神経質になりがちになることが挙げられる。物怖じしなかった個体でも物陰に隠れたり、手を近づけると口を開けて威嚇してきたり、

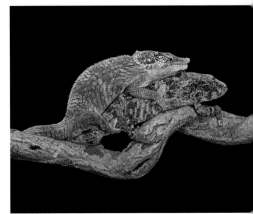

ショートホーンカメレオンの交尾

ヘミペニス。カメレオンを分類するうえで、ヘミペニスの形状は重要な判断要素となる。が、実際、目にする機会は少ないだろう。参考までに

ハッチライト。孵卵用の製品で使い勝手が良い

産卵シーン。産卵床を用意するか、別に準備した産卵用ケースに移す

噛みついてこようとする。母親が落ち着けるよう、植物をより茂らせたり、身を隠せるような場所を作ってあげよう。胎生種の場合、通常、交尾から200〜280日程度で出産する。出産間近の母親のサインとして、食餌量が減っていき、直前には全く食べなくなって水しか飲まなくなる。10日前あたりからこういった行動を取るようになることが多いが、中には出産前日までしっかり餌を食べていた母親もいるので油断しないこと。

卵生種に話を戻そう。交尾の数日後、メス親は妊娠カラーを呈するようになるので産卵床を用意する。パンサーカメレオンだと赤い模様が入り、全体的に黒ずんだら受精したサイン。エボシカメレオンは黒の地に黄色や水色の斑紋が入る。また、抱卵中のメスは食欲が増すので、サプリメントを多めに添加するなどして十分な栄養を摂らせるのと同時に、水もたっぷりと飲ませよう。床材に土を使っているなら、それを産卵場所にしても良いが、穴を掘れるほど厚く敷いている時に限る。産卵床は深めのプラケースや水槽に土を入れる。土を掘りやすく、固めやすいものが良いのだろうが、産卵床は愛好家によって好みが分かれる。観賞魚飼育用のソイル系サンドや黒土・黒土と赤玉土のブレンドなど保水力の高いも

のを使う。崩れないようしっかり湿らせた
うえで、強く押し固めておく。土の深さは
メス親の頭胴長くらい。交尾から産卵まで
はだいたい30〜40日（長くとも50日ほど）。
産卵前のメスは胎生種同様、餌を食べなく
なることが多く、落ち着きがなくなる。概ね、
餌を食べなくなってから3〜5日で産卵する
ことが多い。

　交尾を終えたメスは餌をたくさん欲する。
サプリメントで栄養価を高める。十分に水
を飲ませる。産卵前の数日間は餌を食べな
くなることが多い。コツとしては、繰り返
すが肝心なのは土の固さ。柔らかいと試し
掘りを繰り返してしまうことが多いからだ。
また、木の根元をイメージして支点となる
ものを設置しておくとなお良い。流木など
固いもの・カビないものを産卵床に差し込
んでおくと、そこから掘って産卵する。過
剰に湿らせて底に水がたまらないように。1
回で全部産みきれないメスもいるので、再
び産卵できるように、産卵床はそのままに。
産卵間近のメスは落ち着きがなくなる。餌
を食べなくなってから3〜5日ほどで産卵す
ることが多い。産卵を終えたメスは掘った
穴を埋め戻して固めるが、お腹がへこんで
いたり、ケース越しに卵が見えることも多
いので、それとわかるだろう。

ホカケカメレオンの産卵

妊娠して腹部が膨らんだヘルメットカメレオン

04 | 孵卵と孵化・出産

無事に産卵を終えたら、卵を掘り起こす。すぐに取り出すより2〜3日後に行うほうがカビにくい。卵は上下を変えないようマジックなどで印を付け、別に用意しておいた孵卵用ケースに1〜2cmほどの間隔で少し埋めるように並べていく。孵卵ケースはタッパウェアやプラカップなどで良い。卵数によりけりなので、このあたりは好みで。孵卵材としてはさまざまなものが使われている。爬虫類孵卵用の「ハッチライト」という製品（水分量を適切に調整してくれるもの）をはじめ、ソイル・バーミキュライト・バーミキュライトに少しのヤシガラをブレンドし

たものなど、これも各々好みで。卵は成長につれて最終的には2倍ほどの大きさになる。エボシカメレオンの場合、最初の3〜5カ月は白く、次に血管が透けるほどピンク色に、また白色になって孵化直前になると部分的に透けてきて、胎児の緑色の体色が見えることもある。卵の表面に水滴が出てくると孵化が近いサイン。なお、健康な卵はカビないが、死んだ卵はカビてきたり色が悪くなるため、取り除いておく。孵卵温度の管理は、ワインセラーや温度を調整できる冷温庫などが利用されている。爬虫類専門店で孵卵器が入手できることもあるし、

卵を掘り起こす

産み落とされた卵を並べたところ

孵化直前のエボシカメレオンの卵

孵化シーン

孵卵の様子

自作する人もいる。爬虫類ケースにプレートヒーターとサーモスタットで管理しても良い。乾季・雨季のあるマダガスカル産の卵生種については、乾季を乗り切るための卵の休眠期間があり、育成スイッチを入れる必要があるが、それについては現在も模索されているのが現状である（種によっても異なるので具体的な数字は挙げないが、低温から高温への変化がキーとされているようだ）。パンサーカメレオンの場合、6〜18カ月ほど（スイッチを早く入れられたら半年で孵化するが、休眠期間が長いと孵化までに計1年半要する）。一般的に、孵卵温度は、成体の好適温度の2〜3℃低い数値が目安。

一方、孵卵管理の作業がない胎生種は、母体のケアがより大切になってくる。体内で成長を続ける仔の分まで栄養を摂らせな

ければならない。十分な給餌と栄養剤を添加し、小さめの餌を与えよう。水も飲ませる。ドリップの頻度を増やすか、常時、新鮮な水を飲める環境にしたい。母親は神経質になっていることが多いので、飼育ケースを不透明な布などで覆ってやっても良い。ただし、全体ではなく多くても半分ほどにし、閉塞感を与えないように。出産10日前くらいから餌を食べなくなるが、水は引き続き飲めるようにしておく。生まれたての幼体は小さいので、鳥カゴは避け、幼体が溺れないよう水入れの水深にも注意。出産は朝や夕方に行われることが多く、幼体は薄い膜に包まれた状態で出てくる。すぐにそれを破って、本能的により安全地帯だと思っているのか上へ上へ行こうとする。なお、母親は自分の仔を食べることはない。

パンサーカメレオンの産卵から孵卵の流れ。産卵床を用意し、卵を掘り起こして別容器に並び替え、インキュベーターで温度管理

05 | 幼体の育成

　幼体は親とは別のケースで管理する。基本的な飼育方法は親個体と同様だが、与える餌昆虫が小さいため、衣装ケースやコンテナボックス・大きめのプラケース・小さめのメッシュケージが向いている。あまりにケースが広いと餌が散ってしまい、十分に捕食できないことがある。逆に、小さなケースでは舌の発射距離が短くなってしまい、成長しても遠くの餌を食べられなくなるおそれがあるので気をつける。個別飼育にしなくても幼体のうちは同居飼育できる。2日めから餌を食べ始め、3〜5日後には活発に餌を捕るようになる。極小昆虫をたくさん用意しなければならないし、給餌頻度も毎日にする。床材をキッチンペーパーにすると餌を見つけやすく、幼体たちが食べやすいだろう。成長してきたら細かいヤシガラなどに切り替えていく。テリトリーを主張し始めたら、個別に飼育する。また、成長にばらつきが出てくることもよくあるの

で、場合により分けて育てよう。幼体育成で多い事故は、脱走と水入れでの溺死・スポットライトでの火傷・ケースの開閉部に挟まってしまうなど。太らせすぎないよう、小さな餌をたくさん与え、飲み水は霧吹きの滴から与える。

　エボシカメレオンは仔のサイズが大きく、他種に比べ育てやすい。プラケースからスタートし、45cm幅ケース、全長15cmくらいから幅60cmケースか鳥カゴ。マダガスカル産の種は小さな卵をたくさん産み、孵化日数が長い傾向にある。親サイズに比べ、幼体の身体も小さい印象を受ける。一方、アフリカ大陸産のカメレオン（ヤマカメレオン・ヨツヅノカメレオン・ジョンストンカメレオンなど）は大きめの卵を少数産み、孵化日数も短めで幼体サイズも大きい。胎生種の出産後の立ち上げはなかなか難しいが、しっかりと栄養と摂らせてあげよう。

エボシカメレオンの幼体飼育例。溺れないように、捕食しやすいようにさまざまな工夫がなされている

マジョールカメレオンの国内CB個体

ジョンストンカメレオンの国内CB個体

オショネシーカメレオンの国内CB個体

ショートホーンカメレオンの国内CB個体

テヌエドワーフカメレオンの国内CB個体

ヘルメットカメレオンの国内CB個体

ジャクソンカメレオン（キサントロプス亜種）の国内CB個体

ジャクソンカメレオン（基亜種）の国内CB個体

ジャクソンカメレオン（メルモンタヌス亜種）の国内CB個体

幼体飼育例

幼体の飼育例

パンサーカメレオンの幼体の成長。孵化後、2・3・4・5カ月の記録と飼育ケース

ジャクソンカメレオンの成長記録

カメレオン図鑑

| picture book of Chameleon |

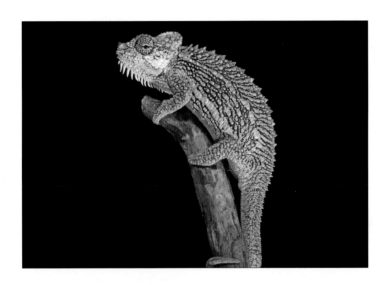

これから種類ごとに紹介していく。
和名・学名（種類によっては別名）と、全長（幅があるのは個体群や
雌雄などによるサイズ差があるため）・分布域に加え、
温度（好適温度と"耐えられる範囲"。耐えられる範囲は一時的なら可という意味。
特に低温には数値よりも耐えてくれるだろうが、目安を掲げた）と、
水への反応（☆が多いほど良い）・動き（☆が多いほど活発）・
明るさの好み（☆が多いほど明るい場所を好む）・入手（☆が多いほど容易。2021年現在）・
繁殖形態・飼育タイプ・生活エリアを記しておく。
以上、原産地や個体ごとに癖もあるのであくまでも目安とし、
飼育個体のサインを読みながら適切な飼育をしてほしい。

エボシカメレオン

Chamaeleo calyptratus

全　長	最大60cm（通常30cm前後）	分　布	アラビア半島南西部
温　度	好適温度 25〜30℃　耐えられる範囲 15〜35℃		
水への反応	★★☆☆☆	動　き	★★★★★
繁殖形態	卵生		
明るさの好み	★★★★★	入手難易度	★★★★★（CB個体のみ）
飼育タイプ	①オープンスペースのあるタイプ		
生活エリア	乾燥地域の植生		

　オスはメスより大型でカスクが縦に伸長する。過酷な環境で暮らす頑健種で、初心者向け・入門種として知られる。カメレオンがペットとして広く認知されるようになったのは本種の存在が大きく、多大な貢献を重ねてきたと言える。言わば現在のカメレオン飼育のベースを築いた種だ。ただし、警戒心が強く、人に慣れにくい面もある。成長に伴い植物質（おすすめは豆苗。かじり取られてもまた生えてくる）を食べるようになるが、貪欲で、湿気を感じると植物だろうと雑巾だろうと水分を含むもの

を齧ってしまうので注意。降雨量が少ない地域出身のためだろう、ドリップなど上からの水への反応は今ひとつ（個体による。中にはドリップを覚える個体もいる）。縦に長いカメレオンなので、飼育ケースは高さも重視しよう。成長速度は速い。特にオスは排他的なため、単独で飼育すること。ブルーダイヤ・パイドをはじめいくつかの品種や変異個体・青みの強い血統などが流通している。オスは踵に幼体時から突起がある。1度に20〜80卵ほど産み、6〜9カ月で孵化に至る。

ブルーダイヤ。青みがかった体色の
ターコイズと黄色の強いハイイエローを
掛け合わせた品種で、青と黄が発色する

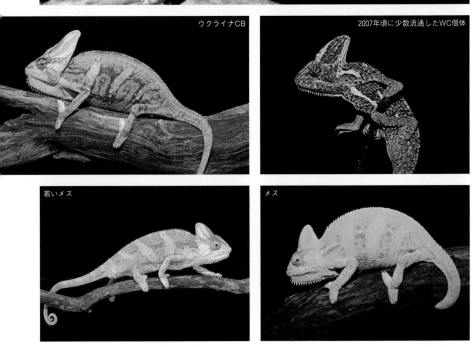

ウクライナCB

2007年頃に少数流通したWC個体

若いメス

メス

幼体

パイボールド。パイドとも。
指先や頭部など部分的に色素が
欠乏した品種。箇所や面積の
程度は個体間で差異がある

パイド

グラキリスカメレオン

Chamaeleo gracilis

全　長	約30cm		分　布	アフリカ大陸西部の乾燥地
温　度	**好適温度** 23〜28℃　**耐えられる範囲** 15〜32℃			
水への反応	★★★☆☆		動　き	★★★★☆
繁殖形態	卵生			
明るさの好み	★★★★★		入手難易度	★★★★☆
飼育タイプ	①オープンスペースのあるタイプ			
生活エリア	サバンナの藪や林縁など開けた場所			

　全体的に細長い。ディレピスカメレオンに似るが、可動性のない小さなフラップがある。オスの踵の突起はあるものとないものがいる。メスのほうがやや大きい。2亜種知られ、*C. g. gracilis*と*C. g. etiennei*がある。卵生で20〜30卵ほど産む。

グラキリスカメレオン

セネガルカメレオン

Chamaeleo senegalensis

別　名	ツブシキカメレオン			
全　長	25cmほど		分　布	セネガルからカメルーン北部
温　度	**好適温度** 23〜28℃　**耐えられる範囲** 15〜32℃			
水への反応	★★★☆☆		動　き	★★★★☆
繁殖形態	卵生			
明るさの好み	★★★★★		入手難易度	★★★★☆
飼育タイプ	①オープンスペースのあるタイプ			
生活エリア	サバンナの草地			

　体色は薄緑〜緑一色。鱗は細かく顆粒状で、フラップも角飾りもない。高いカスクも角もフラップもない、何もないのが特徴のカメレオン。オスの踵には突起がない。雌雄判別は尾の付け根の膨らみを目安にする。協調性が良く、複数匹の同居飼育もできる。

セネガルカメレオン

ディレピスカメレオン

Chamaeleo dilepis

全　長	23〜28℃		分　布	アフリカ中部から南部にかけて
温　度	好適温度 23〜28℃　耐えられる範囲 15〜32℃			
水への反応	★★★☆☆		動　き	★★★★☆
繁殖形態	卵生			
明るさの好み	★★★★★		入手難易度	★☆☆☆☆
飼育タイプ	①オープンスペースのあるタイプ			
生活エリア	草原や森・藪など			

　大きなフラップが特徴。体色は黒褐色から淡い黄色・ピンク・緑、それらが混ざった色など。メスの妊娠カラーは全身に小さな黄色いスポットが入る。分布域が広く、個体群によって最大サイズや飼育にも多少の差異があるので、サインを見逃さないようにしよう。協調性は良いほうだが、ペアで飼うとメスの気性が荒くなる。オスは踵に突起がある。8亜種が知られる。

ディレピスカメレオン

ナマクワカメレオン

Chamaeleo namaquensis

全　長	18〜27cm		分　布	アンゴラ・ナミビア・南アフリカ共和国
温　度	好適温度 20〜35℃　耐えられる範囲 10〜40℃			
水への反応	★★★★★		動　き	★★★★★
繁殖形態	卵生			
明るさの好み	★★★★★		入手難易度	★☆☆☆☆
飼育タイプ	⑥その他（地表面積重視の乾燥したレイアウト）			
生活エリア	沙漠に点在する植生付近			

　沙漠に棲む異色の地上棲カメレオン。頭部は大きく、体型はがっしりしていて太い。尾は短い。メスのほうがやや大型。厳しい環境に暮らし、夏で地表温度が50℃、夜間はぐっと下がり10℃（冬は昼間25℃、夜間は0℃以下）という場所のため、巣穴を掘って潜み、急激な温度変化から耐えている。飼育下でも昼夜の温度差をつける。乾燥地域のトカゲを飼うようなレイアウトで、床材となる土や砂は厚めに敷き、枝流木などを入れ、オープンスペースを広く取る。通気性も良い環境に。紫外線灯とスポットライトも照射する。地表での動きは他種に比べてずっと速い。植物質も口にし、水分はそれらと餌昆虫から得ている。

ナマクワカメレオン

パンサーカメレオン

Furcifer pardalis

別　名	パルダリスカメレオン		
全　長	30〜50cm	分　布	マダガスカル北部から東部・モーリシャスと仏領レユニオンにも移入
温　度	好適温度 25〜30℃　耐えられる範囲 20〜35℃		
水への反応	★★★★★	動　き	★★★★☆
繁殖形態	卵生		
明るさの好み	★★★★★	入手難易度	★★★★★
飼育タイプ	①オープンスペースのあるタイプ		
生活エリア	林縁部や人里に近い藪など開けているさまざまな植生		

　豊富な地域個体群が知られるカメレオンで、エボシカメレオンと並ぶ入門種。協調性は低いので単独飼育で。オスは大きく、尾の付け根が膨らむ。さまざまなタイプや個体が知られており、国内外で繁殖されたCB個体が流通するほか、WC個体も輸入される。地域名が付けられて流通するが、マダガスカルでの集積地や輸出地であることもあり、必ずしも一致しないことや同じ地域でもさまざまな外見のものがいることから、日本での名前は「地名という名のタイプ名」だと捉えておこう。繁殖の際には同じロカリティの種親を用い、野生個体群の表現型にこだわることがスタンダードだとされる一方で、ファームやブリーダーオリジナルの柄や色にこだわった、いわゆるデザイナーズパンサーの時代も迎えつつある。タイプにより、色彩や模様だけではなく、最大サイズなども多少異なる。

　アンバンジャの基色は水色や青がかった緑で、濃い青色のバンドの中に小さな赤いスポットが多数入る。体色変化ははげしくない。アンキフィはアンバンジャと混同されることも多く、古くから輸入されてきた

アンバンジャは、実はこのアンキフィであったことがより混乱を招いており、現在も整理されないまま流通している。ややこしいが、かつて"アンバンジャ・パープル"と呼ばれていたタイプがアンキフィの名で流通するようになり、現在、そのタイプは正しくはアンバンジャである。これは採集地（アンキフィ周辺）と近隣の大きな街（アンバンジャ）が流通過程で入れ替わっていたことなどが理由だが、現在はきちんと採集地で呼ぶ向きがある。ノシベも古くから輸入されている代表的なタイプ。「ノシ」は島の意で、ベ島の個体群。基色は水色のものが多いが、特に青の濃いものは"ノシベ・ブルー"として流通する。これは野生下でも存在するタイプで、他のタイプの○○ブルーや○○レッドとは大きく異なる点である。バンドは明瞭ではなく基色をより濃くした青で、バンドの中に赤のスポットは入らない。ストレスがかかった際、バンドの中に染みのように暗色が出てくるのがノシベの特徴。体色は激変しない。WC個体は黄色い口元が特徴だが、CB個体はそれが白いことがほとんど。ただし、WC個

体でも飼い込むと黄色が薄れていく傾向がある。ノシファリーの基色は薄い水色で、興奮するとより鮮やかな白となる。白地に水色のバンドで赤いドットがバンドの中にも外にも散る、上品な配色のパンサーカメレオンだ。赤いドットの入り具合には個体差があり、上半身中心に入ることが多いものの、中には尾の先まで全身に赤点が入るみごとな個体もいる。ノシミチオも劇的に変化するタイプで、緑から鮮やかな黄色に変わる。他産地の緑ベースのパンサーに比べ、変化するとより明るいレモンイエローとなる。目は赤く染まり、頭部のカスクのエッジは黒。バンドの形は北西部のロカリティにしては珍しくV型やY型ではなく、ノシミチオはU字型やUに近い円形のものもいる。

サンバーバは北東部の個体群で、劇的に体色が変化することで有名。濃い緑色の基色でバンドは濃い赤。全体的に色調の濃いロカリティである。興奮すると、下腹部から背に向かって緑から黄色に、バンドは鮮やかな明るい赤に変わる。変化した黄色の色調は北西部の個体群のようなレモンイエローなどの鮮やかな黄ではなく、オレンジがかったようなほんのり赤みを含む黄色。ディエゴズアレズは"アントシラナナ"とも呼ばれる。マダガスカル島北部の地域個体群で基色は濃い緑。興奮時には黄色やオレンジ色になる。目は赤やオレンジ色のことが多い。近年、WC個体の流通は少なくなった。マロアンツェトラの基色は赤みの強いレンガ色で緑がかるものもいる。バンドは基色に隠れていることが多い。興奮時は黒いスポットが表れ、瞼が赤・黒のパターン

から白・黒に変化する。タマタブは"トアマシナ"とも呼ばれ、特に赤いものは"タム・レッド"の名で流通する。上半身は赤や緑で、赤い個体でも下半身へ向かうにつれて特に腰を中心に緑色となる傾向がある。興奮時は緑がなくなり、オレンジ・赤・白が強調される。背のクレストは薄水色から薄灰色な点がこのロカリティの特徴の1つ。

アンビローブは派手なタイプで劇的な体色変化を見せる。基色は緑のものが多いが、赤の面積が大半を占める個体までと幅広い。現在、全身の赤いアンビローブは非常に人気が高い。海外でもアンビローブの名でブリーディングがなされ、日本のペットトレード上でもさまざまな個体が知られ混乱が見られるが、いずれにせよアンビローブならばバンドが青いことが特徴。なお、このバンドに赤が差す入るものもいる（中心部は青）。同じロカリティで個体間の差異が激しい理由として、人気の高さ故の弊害かもしれないし、筆者の知るかぎり4つのタイプがこの名で輸入された経緯などが挙げられる。

アンカラミーは"ピンクパンサー"とも呼ばれるとおりピンク色のタイプで、体型はやや細身。標高の高い地域に棲む。他のロカリティとはやや異なり、森林棲を踏まえた飼育管理を行う。体側中央のラインははっきりとして太いのが特徴の1つ。ノシボラハなどはマダガスカル東部周辺の白い基調のタイプ。ノシボラハは"セントマリー"の名でも知られる。高い温度に耐性がある。若い個体は赤いバンドで、成長するとバンドが薄暗い緑色に変化しながら薄れていく。ノシボラハをはじめとする東部

の個体群は、多かれ少なかれ白みが強く、対岸のフルポワントやマソアラなども含め"シルバーパンサー"としてまとめられる。なお、バンドが消失した個体は"ホワイト"と呼ばれる。シルバーのタイプの中で比較的最近になって流通し始めたキャップイ

トは、よりバンドが太く赤が明瞭で、赤白の比率が半々か赤が白より多い個体もいる。この他にもさまざまな現地名の付いたパンサーカメレオンも流通する。

1度に20〜35卵ほど産み、孵卵期間は約5〜10カ月ほど。国内外で繁殖されている。

アンバンジャ

アンバンジャ

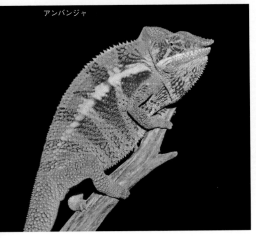

アンバンジャ

アンバンジャ・レインボーと呼ばれる個体

アンキフィ

アンキフィ。CB個体

アンキフィ。CBではこのような個体も作出されている

ノシベ

ノシベUSACB。CBでも黄色い口元の個体もいる

ノシベ

ノシベ

ノシファリー

ノシファリー

ノシファリー

ノシミチオ

サンバーバ

サンバーバ

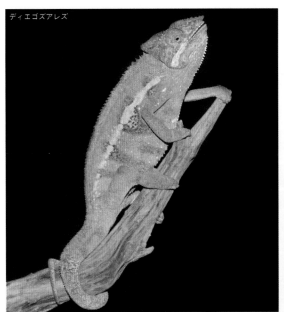

ディエゴズアレズ

ディエゴズアレズ

タマタブ

タマタブ

タムレッド

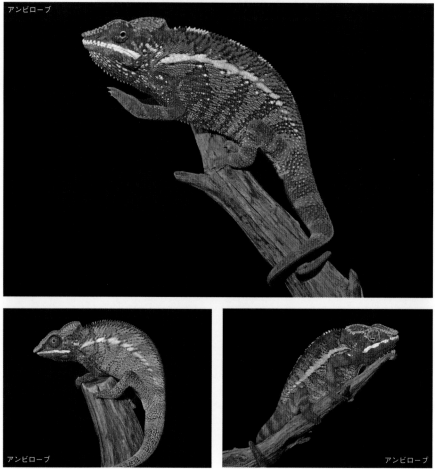

アンビローブ

アンビローブ

アンビローブ

アンビローブ

アンビローブ。興奮時はオレンジ色に変化する

アンビローブ

赤みの強いアンビローブのCB個体

アンピローブ

アンピローブ。このタイプもアンピローブの名で流通する

アンピローブ（メス）

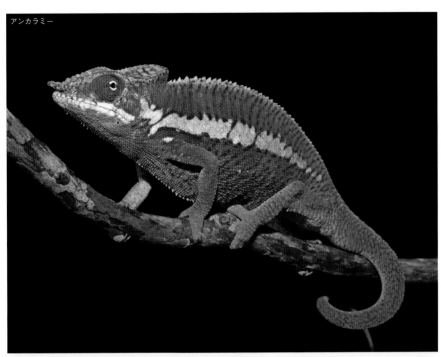
アンカラミー

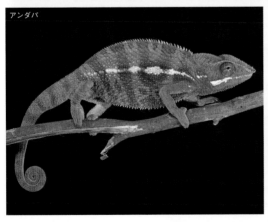
アンダパ

ホワイトと言ってもいい個体

ノシボラハのCB個体。ホワイト

ノシボラハのCB個体。亜成体は
赤いバンドがはっきりと現れる

ノシボラハ対岸域のシルバーと呼ばれる個体群

フルポワント

キャップイスト

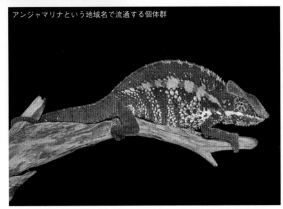

アンジャマリナという地域名で流通する個体群

スパイニーカメレオン

Furcifer verrucosus

別　名	ボタンカメレオン・ベルコサスカメレオン		
全　長	57cm	分　布	マダガスカル西部から南部
温　度	好適温度 28〜32℃　耐えられる範囲 20〜35℃		
水への反応	★★★★☆	動　き	★★★★★
繁殖形態	卵生		
明るさの好み	★★★★★	入手難易度	★★★★☆
飼育タイプ	①オープンスペースのあるタイプ		
生活エリア	乾いた林		

　パンサーカメレオンと並ぶ入門種。背に
棘状突起が並び、ボタンのような大きめの
鱗が列になって身体の中央に並ぶ。カスク
は高めで、鼻先に突起はない。頑健で飼育
しやすいが、性格は極端に荒い。オス同士
の同居はできるが、ペアは避ける。ただし、
観察はしっかり行うこと。オスはメスより
もかなり大きくなる。*F. v. verrucosus*と
*F. v. semicristatus*の2亜種が知られる。

ブルースロートと呼ばれる青みの強い個体

アンタニヴィナギ

アンタニヴィナギ（メス）

南部個体群

レッドトップ

レッドトップ（メス）

テングカメレオン

Furcifer antimena

別　名	アンティメナカメレオン		
全　長	14〜33cm	分　布	マダガスカル南部
温　度	好適温度 25〜30℃　耐えられる範囲 23〜35℃		
水への反応	★★★☆☆	動　き	★★★☆☆
繁殖形態	卵生		
明るさの好み	★★★☆☆	入手難易度	★★☆☆☆
飼育タイプ	②一部に茂みを設けるタイプ		
生活エリア	針葉樹林		

　背に発達した棘状突起が並び、カスクは高い。やや細身で吻先に突起が発達する。協調性は低いので単独飼育が向く。飼育レイアウトは一部に茂みを設けるが、明るい・暗いをつけ、毎日霧吹きをする。オスのほうがカスクが高くなる。

テングカメレオン

テングカメレオン（メス）

ウスタレカメレオン

Furcifer oustaleti

別　名	ジャイアントカメレオン・オーストレッティカメレオン・マスクカメレオン・カブトカメレオン		
全　長	約70cm	分　布	マダガスカル全域
温　度	好適温度 28〜32℃　耐えられる範囲 25〜35℃		
水への反応	★★★☆☆	動　き	★★★☆☆
繁殖形態	卵生		
明るさの好み	★★★★★	入手難易度	★★★☆☆
飼育タイプ	①オープンスペースのあるタイプ		
生活エリア	乾燥域など		

　ボリューム感はパーソンに劣れど、最も大きなカメレオンの1つ。分布域は広く、南部の個体はより赤みが強くなる傾向がある。カスクは高く頭部は大きい。適応力がたいへん高く頑健で、日光浴を好む。街路樹のような植生でも生活できる。協調性は高い。メスはより小型で美しい。

ウスタレカメレオン

ウスタレカメレオン

タスキカメレオン

Furcifer balteatus

全　　長	25〜45cm		分　　布	マダガスカル中央東部
温　　度	好適温度 25〜30℃　耐えられる範囲 20〜32℃			
水への反応	★★★☆☆		動　　き	★★★☆☆
繁殖形態	卵生			
明るさの好み	★★★☆☆		入手難易度	★☆☆☆☆
飼育タイプ	②一部に茂みを設けるタイプ			
生活エリア	降雨林の樹冠部			

　名のとおり斜めのラインが入る。吻先の突起は小さく平行しない。尾は非常に長い。広めの飼育スペースと温度・湿度・明暗などさまざまな場所を作ることでカメレオンに好きな場所を選ばせてやりたい。協調性は低く、単独またはペアで飼う。メスには鼻先に突起がなく、オスより大きくなる。

タスキカメレオン

ラボードカメレオン

Furcifer labordi

全　　長	18〜30cm		分　　布	マダガスカル西部
温　　度	温度　好適温度 25〜28℃　耐えられる範囲 23〜30℃			
水への反応	★★★☆☆		動　　き	★★★☆☆
繁殖形態	卵生			
明るさの好み	★★★★☆		入手難易度	★☆☆☆☆
飼育タイプ	②一部に茂みを設けるタイプ			
生活エリア	暑い乾燥林			

　オスのカスクは高く、吻先にやや固い1枚の突起が入るのに対し、メスの突起はごくわずか。オスは緑色。メスは派手で紫色や黄緑色を主に、紫色から緑・茶を呈し非常に美しい。テングカメレオンに似るがよりカスクが高く、背のギザギザは均一。協調性は低く単独で飼う。オスのほうがずっと大きくなる。

ラボードカメレオン

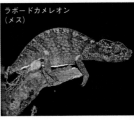

ラボードカメレオン
（メス）

カーペットカメレオン

Furcifer lateralis

別　名	ラテラリスカメレオン		
全　長	20〜25cm	分　布	北西部を除くマダガスカル全域
温　度	好適温度 25〜30℃　耐えられる範囲 22〜32℃		
水への反応	★★★★★	動　き	★★★★☆
繁殖形態	卵生		
明るさの好み	★★★★★	入手難易度	★★★★☆
飼育タイプ	①オープンスペースのあるタイプ		
生活エリア	さまざまな植生。人里付近や街路樹など		

　メスの配色はたいへん美しく、赤・青・黄・緑・オレンジとそれらの組み合わせ。"処女メス"はオス同様に明るい緑色だが、一度妊娠すると派手な体色になる。

　適応力が高く、比較的すぐに水場を覚えてくれる。飼育は容易。協調性は高い。オスは尾の付け根が太くなる。

カーペットカメレオン

カーペットカメレオン

カーペットカメレオン

カーペットカメレオン。マダガスカル中央部産

カーペットカメレオン（メス）

カーペットカメレオン（メス）。
アンタナナリブ産

カーペットカメレオン。
マダガスカル東部産

カーペットカメレオン（メス）。
マダガスカル東部産

マダガスカル南西部に分布する
マジョールカメレオン（*Furcifer major*）

マダガスカル北西部に分布する
ビリディスカメレオン
（*Furcifer viridis*）と思われる個体

マダガスカル北西部に分布する
ビリディスカメレオン（*Furcifer viridis*）

マダガスカル北西部に分布する
ビリディスカメレオン（*Furcifer viridis*）のメス

ペッテルズカメレオン

Furcifer petteri

別　名	ペッターカメレオン		
全　長	17cm	分　布	マダガスカル北部
温　度	好適温度 18〜26℃　耐えられる範囲 15〜30℃		
水への反応	★★★☆☆	動　き	★★★☆☆
繁殖形態	卵生		
明るさの好み	★★★☆☆	入手難易度	★★☆☆☆
飼育タイプ	④鬱蒼と茂らせるタイプ		
生活エリア	標高のやや高い降雨林		

　ウィルズカメレオンに似るが、吻先の突起は先端が丸みを帯びることが多い。背中に棘状突起は発達しない。妊娠したメスは鮮やかなレモンイエローになる。昼間は25℃、夜間は15℃と低めの気温に設定し、昼夜で温度差をつけると共に、温度勾配を設ける。通気性も確保しよう。協調性は普通。メスには2つの丸いスポットが入る。

メス

メス

妊娠したメス

ウィルズカメレオン

Furcifer willsii

別　名	ウィルシーカメレオン			
全　長	17cm		分　布	マダガスカル東中央部の山地
温　度	**好適温度** 15〜25℃　**耐えられる範囲** 13〜27℃			
水への反応	★★★☆☆		動　き	★★★☆☆
繁殖形態	卵生			
明るさの好み	★★★☆☆		入手難易度	★☆☆☆☆
飼育タイプ	④鬱蒼と茂らせるタイプ			
生活エリア	標高のやや高い降雨林			

　オスは吻先に矢印のような形の2本の尖った突起がある。この突起はペッテルズカメレオンよりも細く、三角で先端に向かうにつれて離れていく。オスは緑色で、メスを意識すると吻先や目が黄色に染まり、体側に白いラインが入る。メスは通常緑色。メスの婚姻色や緊張すると、黒に黄色やオレンジの細かなスポットが多数入る。ペッテルズカメレオンに飼育は準じ、広めのスペースで飼育したい。

ウィルズカメレオン

ウィルズカメレオン
（メス）

カンパニーカメレオン

Furcifer campani

別　名	カンパンカメレオン・ジュエルカメレオン			
全　長	13cm		分　布	マダガスカル中部の高地(標高2000m以上)
温　度	**好適温度** 15〜25℃　**耐えられる範囲** 10〜28℃			
水への反応	★★★☆☆		動　き	★★★☆☆
繁殖形態	卵生			
明るさの好み	★★★☆☆		入手難易度	★☆☆☆☆
飼育タイプ	④鬱蒼と茂らせるタイプ			
生活エリア	標高の高い森や草原			

　暗いグレーの地色に3本の白いラインが入り、白や赤・茶・緑・水色の小さな水玉模様が全身に入る。丸みを帯びた体型が愛らしい。寒い地域で暮らし、地表を活動することが多い。寒さには強いカメレオン。寒さをしのぐため地面に潜ることもあり、飼育下でも床材を厚めに敷く。昼夜の温度差を設ける。協調性は高く、オスはメスよりも細身。

カンパニーカメレオン

カンパニーカメレオン（メス）

ミノールカメレオン

Furcifer minor

全　長	14〜24cm	分　布	マダガスカル中央高地	
温　度	好適温度 20〜30℃　耐えられる範囲 18〜28℃			
水への反応	★★★☆☆	動　き	★★★★☆	
繁殖形態	卵生			
明るさの好み	★★★☆☆	入手難易度	★☆☆☆☆	
飼育タイプ	③茂みを設けるタイプ			
生活エリア	高地の森林			

　オスは吻先に鱗に覆われた突起がある。性成熟していないオスは緑色でメスより大きい。大食漢かついへん器用で、手で餌を持って食べることも。オスは成熟すると赤い色調になる。メスは目玉模様がそのサイン。目玉模様が青ならオスを受け入れるが、赤だと拒絶と信号のよう。妊娠中のメスはオレンジや黄色のラインが目立つようになる。協調性は高い。

ミノールカメレオン

ミノールカメレオン（メス）

ハナツノカメレオン

Furcifer rhinoceratus

別　名	ライノセラータカメレオン			
全　長	25〜27cm	分　布	マダガスカル中央西部	
温　度	好適温度 20〜26℃　耐えられる範囲 18〜28℃			
水への反応	★★★☆☆	動　き	★★★☆☆	
繁殖形態	卵生			
明るさの好み	★★★☆☆	入手難易度	★☆☆☆☆	
飼育タイプ	③茂みを設けるタイプ			
生活エリア	乾燥林			

　雌雄共に吻先に板状の突起が1本入る。ラボードカメレオンに似るがカスクは低い。オスはグレーから緑・水色で、繁殖期のメスは頭部が紫、尾がオレンジ、身体が紫がかった青という独特の美しい配色。丈夫な種。飼育環境内に明暗差を設けたい。雌雄でサイズが異なるので、単独が望ましい。オスは尾の付け根が太くなる。

ハナツノカメレオン

ハナツノカメレオン
（メス）

ジャクソンカメレオン

Trioceros jacksonii

別　名	キクユジャクソンカメレオン・ウガンダエンシス・レインボージャクソンカメレオン／基亜種 オオジャクソンカメレオン・ハワイアン／キサントロプス亜種 タンザニアジャクソンカメレオン／メルモンタヌス亜種		
全　長	25cm／基亜種 20～35cm／キサントロプス亜種 18cm／メルモンタヌス亜種	分　布	タンザニア・ケニア／基亜種 主にケニア山の北西部から西部。ハワイ の6島に人為移入／キサントロプス亜種 タンザニア／メルモンタヌス亜種
温　度	**好適温度** 20～26℃ **耐えられる範囲** 10 (基亜種・メルモンタヌス亜種)・13 (キサントロプス亜種) ～32℃		
水への反応	★★★☆☆	動　き	★★★★☆
繁殖形態	胎生		
明るさの好み	★★★☆☆	入手難易度	★★★★☆
飼育タイプ	②一部に茂みを設けるタイプ		
生活エリア	冷涼な山地。朝晩はびっしょりと濡れ、山風が通り、日中に日が差す時間帯がある地域や農園		

　3亜種あり、最大サイズや生息環境がや や異なる。いずれもオスは3本の角がある。 メスは基亜種で0本か1本か3本、キサント ロプス亜種は0本、メルモンタヌス亜種は0 本（小さな突起）か1本。標高の高い山中 や冷涼な場所で暮らす。赤道に近いため、 日中は陽射しが強く山風もあり、常時蒸れ た空気ではない。最も大型になるキサント ロプス亜種の流通量は多く、3亜種で最も 飼いやすい。基亜種（*T. j. jacksonii*）は キサントロプス亜種（*T. j. xantholophus*）

よりやや小ぶりで、飼育も準ずるが、最も 冷涼な地域に棲むメルモンタヌス亜種（*T. j. merumontanus*）は亜種中最小で飼育は やや難しい。飼育下ではバスキングも好み、 日光浴をさせるか弱めの爬虫類用蛍光管を 照射する。朝晩の霧吹きと、昼夜の温度差 を設ける。メルモンタヌス亜種の飼育気温 の上限は28℃まで。キサントロプス亜種は 20年以上生きた例も知られる。キサントロ プス亜種で15～40匹ほど出産する。

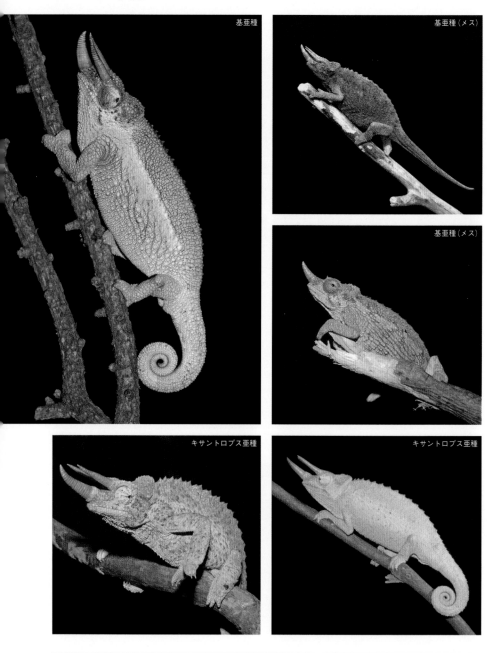

基亜種

基亜種（メス）

基亜種（メス）

キサントロプス亜種

キサントロプス亜種

キサントロプス亜種

キサントロプス亜種

キサントロプス亜種（メス）

メルモンタヌス亜種

メルモンタヌス亜種

メルモンタヌス亜種（メス）

ヘルメットカメレオン

Trioceros hoehnelii

別　名	ホーネリーカメレオン・ヘーネルカメレオン		
全　長	17〜23cm	分　布	ケニア・ウガンダ
温　度	好適温度 18〜25℃　耐えられる範囲 15〜28℃		
水への反応	★★★☆☆	動　き	★★★☆☆
繁殖形態	胎生		
明るさの好み	★★★☆☆	入手難易度	★★★☆☆
飼育タイプ	③茂みを設けるタイプ		
生活エリア	山地の草地や藪地		

　鼻先にコブ状の突起があり、頭部のカスクは大きい。顎には棘状の鱗が並ぶ。体色や皮膚の質感に地域差が見られるほか個体差も大きい。筆者の知るかぎりエルゴン山の個体群は国内未入荷と思われる。ウガンダの個体群は標高の高い地域に生息し、スレンダーな体型で、全長は長く鱗の質感は滑らか。近年よく流通するケニアの個体群は体型が丸みを帯び、ケニアの中でも地域性と個体差が見られる。昼夜の温度差をつけ、明暗と茂みを設け通気の良い環境作りをしたい。雌雄での体色差はほとんどない。オスの尾の付け根は膨らむ。

頭部がオレンジ色に染まるケニアの個体群

ケニアの個体群

ケニアの個体群。背のクレストが赤い

青みがかったケニアの個体群

メス。雌雄の判別はやや難しい

背のクレストが赤く頬が白っぽい点などエルゴン山の個体群に近い外見をしたもの

ウガンダ産。ケニア産よりも冷領域に生息するため、生息温度にも気を配りたい

プフェファーカメレオン

Trioceros pfefferi

全　　長	15〜20cm			分　布	カメルーン南西部(標高1300m付近)
温　　度	好適温度 22〜26℃　耐えられる範囲 18〜30℃				
水への反応	★★★☆☆			動　き	★★★★☆
繁殖形態	卵生				
明るさの好み	★★★☆☆			入手難易度	★★☆☆☆
飼育タイプ	②一部に茂みを設けるタイプ				
生活エリア	山地の森林など				

　オスは鼻先に1対の鱗に覆われた角状突
起がある。対して、メスは角状突起の発達
が弱く、ヤマカメレオンのメスに似るが本
種は喉に発達した棘状の鱗がある。オスは
相手が視界に入ると、枝上から突き落とす
ほど闘争するため、オスの同居は不可。通
気性を確保してあげよう。

プフェファーカメレオン

エリオットカメレオン

Trioceros ellioti

全　　長	13〜20cmほど			分　布	ウガンダ・ザイールなど
温　　度	好適温度 20〜26℃　耐えられる範囲 18〜30℃				
水への反応	★★★☆☆			動　き	★★☆☆☆
繁殖形態	胎生				
明るさの好み	★★★★☆			入手難易度	★★★☆☆
飼育タイプ	②一部に茂みを設けるタイプ				
生活エリア	サバンナや草原				

　派手な外見で青地に黄のラインが入る。
背と下顎から腹部にかけて細かな棘状突起
が並ぶ。飼育しやすい小型種。明暗を作り、
明るい場所にスポットライトを当て、温度
勾配をつける。協調性は高く、同居も可能。
メスはやや丸みを帯びた体型をしている。

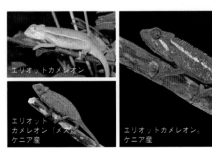

エリオットカメレオン

エリオット
カメレオン（メス）
ケニア産

エリオットカメレオン。
ケニア産

ジョンストンカメレオン

Trioceros johnstoni

全　長	15〜30cm		分　布	ビクトリア湖西部から南西部の山々とルウェリンゾリ山
温　度	**好適温度** 18〜25℃　**耐えられる範囲** 13〜28℃			
水への反応	★★★★☆		動　き	★★★☆☆
繁殖形態	卵生			
明るさの好み	★★★☆☆		入手難易度	★☆☆☆☆
飼育タイプ	③茂みを設けるタイプ			
生活エリア	山地の森林			

ジョンストンカメレオン"スタンレーブルー"

　3本角のカメレオンで、メスに角はない。派手な外見をしており、体型もがっしりとしている。妊娠時のメスは黒くなり、口元にオレンジが発色する。ウガンダ産は"ウダンダブルー""スタンレーブルー"と呼ばれる。よくジャンプする。飲み水への反応が良い。卵は大きい。明暗を作り通気性の高い環境を用意する。オス同士はよく闘争するので単独で飼う。

イバラカメレオン

Trioceros laterispinis

別　名	トゲカメレオン・モロクカメレオン			
全　長	13〜15cm		分　布	タンザニア
温　度	**好適温度** 20〜26℃　**耐えられる範囲** 18〜28℃			
水への反応	★★★☆☆		動　き	★★☆☆☆
繁殖形態	胎生			
明るさの好み	★★★☆☆		入手難易度	★☆☆☆☆
飼育タイプ	④鬱蒼と茂らせるタイプ			
生活エリア	山地の森林			

　バラの刺のような突起が全身に入る小型種。可動性のあるフラップを持つ。白と濃淡のある緑色の配色で、刺のある植物の茂みにいるとみごとに溶け込む。見ためからわかるとおり、現地では棘のある植物の茂みにいる。

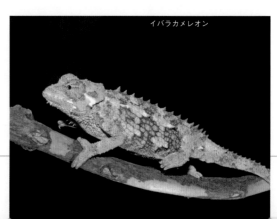

イバラカメレオン

ワーナーカメレオン

Trioceros werneri

全　長	15〜24cm		分　布	タンザニア（標高1400〜2200m）
温　度	**好適温度** 18〜25℃　**耐えられる範囲** 13〜28℃			
水への反応	★★★★★		動　き	★★★☆☆
繁殖形態	胎生			
明るさの好み	★☆☆☆☆		入手難易度	★☆☆☆☆
飼育タイプ	④鬱蒼と茂らせるタイプ			
生活エリア	山地の森林			

　3本角のカメレオンで、上の2本が先端に向かうにつれやや下がる。大きめのフラップも備え、鱗の大きさはまちまちで、総じてトリケラトプスのような姿。黒に近い紺色と赤褐色の角をしたタイプなどがいる。高温に弱くやや難しい。暗い場所を好み、明暗差を設け、通気性も確保する。協調性は高い。メスの角は0か1本。

ワーナーカメレオン"グリーン"

メス

デレマカメレオン

Trioceros deremensis

全　長	20〜35cm		分　布	タンザニア（標高2000m以上の地域）
温　度	**好適温度 23〜30℃　耐えられる範囲 18〜35℃**			
水への反応	★★☆☆☆		動　き	★☆☆☆☆
繁殖形態	卵生			
明るさの好み	★☆☆☆☆		入手難易度	★★☆☆☆
飼育タイプ	③茂みを設けるタイプ			
生活エリア	山地の森林			

デレマカメレオン

　3本角の中型種。角は細長く、メスにはない。顆粒状の皮膚が特徴で、警戒すると小さな黒い斑点が生じる。成熟したオスは口紅を塗ったようにユニークな顔つきになる。妊娠したメスは黄色っぽい体色。背にクレストが発達する。サインが読みづらいが、飼育は容易。温度は昼間25〜30℃、夜間15〜20℃と昼夜で温度差を設けるのと共に、明暗も作る。協調性は高い。

オーウェンカメレオン

Trioceros oweni

全　長	35cm		分　布	カメルーンなど
温　度	**好適温度 15〜26℃　耐えられる範囲 10〜28℃**			
水への反応	★★★☆☆		動　き	★★★★☆
繁殖形態	卵生			
明るさの好み	★★☆☆☆		入手難易度	★☆☆☆☆
飼育タイプ	③茂みを設けるタイプ			
生活エリア	低地の熱帯雨林			

オーウェンカメレオン

　個性的な3本角のカメレオンで、メスに角はない。独特の動きで飛び降りることも多い。体表の鱗は細かい。小さめのフラップがあり細身。飼育は容易だが、警戒心が非常に強い。暗い場所を設け、夜間は15℃程度に温度を下げる。土に潜る習性がある。

メラーカメレオン

Trioceros melleri

全　長	40〜60cm		分　布	タンザニア南東部のサバンナ地帯（標高600m付近）など
温　度	**好適温度** 25〜30℃　**耐えられる範囲** 20〜35℃			
水への反応	★★★★★		動　き	★★☆☆☆
繁殖形態	卵生			
明るさの好み	★★★★☆		入手難易度	★☆☆☆☆
飼育タイプ	②一部に茂みを設けるタイプ			
生活エリア	サバンナの樹冠部			

アフリカ大陸で最大種。突起のような小さな角が1本ある。メスの角はオスより短め。フラップはよく発達する。飼育下でも高い位置に行きたがる。うまく環境づくりができれば頑丈。幼体の成長速度はたいへん速い。青みを帯びたものも知られる。大型なので、太い止まり木を広いスペースにしっかりと固定する。水をたいへんよく飲む。野生下では昆虫類のほか、他のカメレオンや小鳥なども食べる。明暗と昼夜の温度差を設ける。協調性は良い。

メラーカメレオン

メラーカメレオン

メラーカメレオン"ブルー"

スタンフィルディカメレオン

Trioceros sternfeldi

別　名	スタンフェルドカメレオン・ルディスカメレオン		
全　長	15cm	分　布	ザイール・ウガンダ・ルワンダ・ブルンディ・ケニア・タンザニア
温　度	好適温度 22〜26℃　耐えられる範囲 15〜30℃		
水への反応	★★★☆☆	動　き	★★★★☆
繁殖形態	胎生		
明るさの好み	★★★★★	入手難易度	★☆☆☆☆
飼育タイプ	②一部に茂みを設けるタイプ		
生活エリア	高地の草地や藪地		

　丸っこい体型が愛らしいカメレオンで、鱗は粒状。ルディスカメレオンと混同されていることが多い（ルディスカメレオンは実際ほぼ流通しない）。朝晩の霧吹きは欠かせず、その滴から水を飲ませる。身体が濡れるのを極端に嫌う。高山種の中では高温に強い面があり、物怖じしない性格。オスは頭部が大きく、尾の付け根が太くなる。

メス

国内で繁殖された個体

ハナンカメレオン（*Trioceros hanangensis*）と思われる個体。かつてレッドルディスカメレオンの名で流通していた

メス

ピーコックカメレオン

Trioceros wiedersheimi

別　名	クジャクカメレオン・ビダシャイムカメレオン		
全　長	15〜20cm	分　布	カメルーンとナイジェリアの高地（標高1500〜2500mのあたり）
温　度	好適温度 18〜25℃　耐えられる範囲 15〜28℃		
水への反応	★★★☆☆	動　き	★★★★☆
繁殖形態	卵生		
明るさの好み	★★☆☆☆	入手難易度	★★★☆☆
飼育タイプ	③茂みを設けるタイプ		
生活エリア	山地の森林や草地		

　小型の美しい種で、現在、亜種だったものが別種扱いとなっている。広めのケージで、観葉植物を豊富にレイアウトし、昼夜で飼育温度にメリハリをつける。ホットスポットも不可欠。協調性は高い。メスのほうが大きくなる。よく似たペレットカメレオン（*Trioceros perreti*）とセラータスカメレオン（*Trioceros serratus*）との判別は個体差や中間的なタイプもあり難しい。

ピーコックカメレオン。以前、基亜種と亜種の中間型か交雑個体と言われていた。背のラインが波打つが、セラータスよりも低く、カスクの縁に入るスポットは赤または赤と青が混じり（オスのほうよりスポットが多く派手）、カスク内のスポットは黄色い傾向がある

ピーコックカメレオン（メス）

ペレットカメレオン（Trioceros perreti）。体高は低く、カスク（ダ
イヤ型で細め）の縁は赤で、中に入るスポットは黄がほとんど

ペレットカメレオン（メス）。セラータスやピーコックと同じく
メスの背は波打たず、体側に並ぶ大型鱗は黄色

セラータスカメレオン（Trioceros serra
-tus）。以前基亜種として流通していた
もの。背のラインが波打って体高があ
り、カスク（ホームベース型）の中に
入る青いスポットと、脇腹には白みがっ
た水色の太い模様が入る

セラータスカメレオン（メス）。
典型的な個体

セラータスカメレオン。これぞ孔雀色と言える派手な外見

フェルレボルンカメレオン

Trioceros fuelleborni

別　名	ヒメミツヅノカメレオン・フェルレボルニーカメレオン		
全　長	15〜25cm	分　布	タンザニア南西部の限られた地域
温　度	好適温度 15〜22℃　耐えられる範囲 12〜26℃		
水への反応	★★★★☆	動　き	★★★★☆
繁殖形態	胎生		
明るさの好み	★★★★☆	入手難易度	★☆☆☆☆
飼育タイプ	③茂みを設けるタイプ		
生活エリア	山脈地帯		

　3本角のカメレオンだが長さは短い。頭部が
ごつごつしており、大きめのフラップがある。
薄茶色の体色で、白や黄緑に変化させる。高温
にたいへん弱く、夏場はエアコンで管理するこ
とが必要。明暗を設け、昼夜の温度差を設ける。
水をよく飲む。協調性はやや低い。メスには短
い角が1本入るか突起程度のものがある。

フェルレボルンカメレオン

ヤマカメレオン

Trioceros montium

全　長	20〜25cm	分　布	カメルーン（標高500〜1200mあたり）
温　度	好適温度 18〜25℃　耐えられる範囲 15〜32℃		
水への反応	★★★☆☆	動　き	★★☆☆☆
繁殖形態	卵生		
明るさの好み	★★☆☆☆	入手難易度	★★☆☆☆
飼育タイプ	③茂みを設けるタイプ		
生活エリア	山地の森林		

ヤマカメレオン

　2本角のカメレオンで、メスには角がない。背と尾の付
け根あたりに発達したクレストがある。喉の棘状突起はさ
ほど発達しない。胴に大型の鱗が混ざる。非常に扁平な体
型。カスクが丸みを帯びたクワガワのように内側にやや湾
曲したタイプと、濃い緑や茶で尖ったカスクの角がまっす
ぐなタイプが知られる。一度飼育環境に慣れた個体は丈夫
なほう。妊娠したメスは黒くなる。協調性はやや低い。

ホカケカメレオン

Trioceros cristatus

全　長	29cm		分　布	アフリカ西部
温　度	好適温度 18〜25℃　耐えられる範囲 15〜30℃			
水への反応	★★★☆☆		動　き	★☆☆☆☆
繁殖形態	卵生			
明るさの好み	★☆☆☆☆		入手難易度	★★★☆☆
飼育タイプ	④鬱蒼と茂らせるタイプ			
生活エリア	低地の森林			

角は雌雄共になく尾は短い。クレストが
よく発達しフラップはなく、きめの細かな
肌質をしている。動きが少なく、サインの
読みにくいカメレオン。射程距離は長く、
餌を追いながら捕食することはほとんどし
ない。スポットライトは不要。メスのほう
がやや大きくなる。協調性は高い。オスの
ほうが背のクレストが発達する。通常、オ
スは赤褐色、メスは緑色だが、例外的に緑
色のオスもいる。

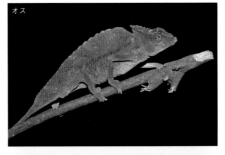
オス

メス

背のクレストが発達したオス

最初赤褐色のオスが成長に伴い緑色に変化した個体。こういうケースはあまり聞かれない

ヨツヅノカメレオン

Trioceros quadricornis

全　長	30〜40cm		分　布	ナイジェリア・カメルーン・赤道ギニアの高地（標高1500〜2000m）
温　度	**好適温度 20〜25℃　耐えられる範囲 15〜32℃**			
水への反応	★★★☆☆		動　き	★★★☆☆
繁殖形態	卵生			
明るさの好み	★★☆☆☆		入手難易度	★★☆☆☆
飼育タイプ	②一部に茂みを設けるタイプ			
生活エリア	高地の雲霧林			

　鼻先に2対（4本）または3対（6本）の突起状の角が、背と尾の付け根に発達したクレストがある。スポットライトは設置しなくても良い。ヨツヅノカメレオン（ミナミヨツヅノカメレオン）*T. q. quadricornis*・ムツヅノカメレオン（キタヨツヅノカメレオン）*T. q. grasilior*・*T. q. eisentrauti*の3亜種が知られる。爪はヨツヅノが赤、ムツヅノが透明。カスクの色や柄は異なり、ヨツヅノは頬と同じ色柄で赤やオレンジで、頬が緑色だと同じくカスク内も緑色。一方、ムツヅノは中央に黄色がったラインが入り、ライン縁には水色の鱗が点在して並ぶ（ヨツヅノは水色が差さない）。協調性は高い。メスに角はない。基亜種のほうが低温を好み、配慮が必要。

ヨツヅノカメレオン

ヨツヅノカメレオン。頭部や頬にオレンジ色の発色が見られる

ムツヅノカメレオン（メス）

ムツヅノカメレオン

ムツヅノカメレオン

ムツヅノカメレオンの頭部。右はイレギュラーに5本生えた個体

パーソンカメレオン

Calumma parsonii

全　長	45〜70cm	分　布	マダガルカル北部と東部
温　度	好適温度 23〜26℃　耐えられる範囲 20〜32℃		
水への反応	★★★☆☆	動　き	★☆☆☆☆
繁殖形態	卵生		
明るさの好み	★★☆☆☆	入手難易度	★★★☆☆
飼育タイプ	⑥その他（放し飼いもしくは広いケースで冷涼な気温＋ホットスポット）		
生活エリア	森林（高さ5m以上に多い）		

　最重量のカメレオン。たいへんボリュームがあり、皺が刻む独特の肌質。いくつかのタイプ（ペットトレード上でやや混乱が見られ、各タイプがさらに細分化される向きもある）が知られ、最大になるのはイエローリップ（口まわりが黄色）で全長70cmほど。他に、イエロージャイアント（全体的に黄色い体色）やオレンジアイ（オレンジ色の眼で緑や水色の体色）などが流通するが、そう多くはない。小型のクリストファー亜種（ペリネパーソンカメレオン C.

p. *cristifer*）は背中のクレストがギザギザしていて、大きなオレンジ色のスポットが入る。冷涼な気温でホットスポットを照射し、明暗差を設ける。亜成体以上のオスはテリトリー意識が強い。メスはずっと飼いやすい。協調性は低い。尾の付け根がほとんど膨らまない。成長したオスは鼻先に1対の突起が発達する。1回の産卵で16〜28卵ほど産み、孵卵期間は長く15〜24カ月ほど要する。

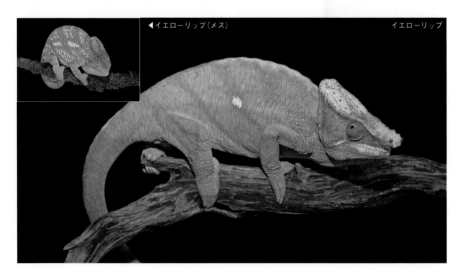

◀イエローリップ（メス）　　　　イエローリップ

イエロージャイアント

イエロージャイアント

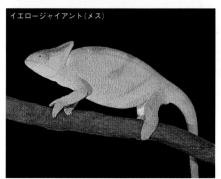

イエロージャイアント（メス）

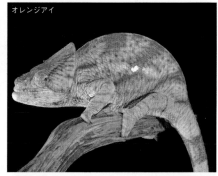

オレンジアイ

オレンジアイ（メス）

クリストファー亜種

オショネシカメレオン

Calumma oshaughnessyi

別　名	オショガネシーカメレオン		
全　長	40cm	分　布	マダガスカル北東部
温　度	好適温度 23〜26℃　耐えられる範囲 20〜32℃		
水への反応	★★★☆☆	動　き	★★★☆☆
繁殖形態	卵生		
明るさの好み	★★★☆☆	入手難易度	★★☆☆☆
飼育タイプ	②一部に茂みを設けるタイプ		
生活エリア	高地の森林		

喉は青く白い鱗が目立ち、背には小さな棘状突起が並ぶ。フラップはパーソンカメレオンよりも大きめ。身体には大小の鱗が入る。単独飼育が向く。メスのほうが大きくなる。

オショネシカメレオン

グロビフェルカメレオン

Calumma globifer

別　名	コブハナカメレオン		
全　長	40cm	分　布	マダガスカル東部（標高700m以上）
温　度	好適温度 25〜28℃　耐えられる範囲 20〜32℃		
水への反応	★★★☆☆	動　き	★★★☆☆
繁殖形態	卵生		
明るさの好み	★★★☆☆	入手難易度	★★☆☆☆
飼育タイプ	②一部に茂みを設けるタイプ		
生活エリア	降雨林の樹冠部		

吻先にグローブ状の固い突起が1対ある。四肢には大きめの丸い鱗が複数入る。明るい緑から濃い緑・青に変化する。明暗を設け気温は昼夜で温度差をつけ、湿度は高めに。バスキングを比較的好む。単独飼育が望ましい。メスの鼻先の突起は小さい。

グロビフェルカメレオン

ショートホーンカメレオン

Calumma brevicorne

別　名	ミジカツノカメレオン・エレファントイヤー		
全　長	38cm	分　布	マダガスカル東部
温　度	**好適温度** 25〜28℃　**耐えられる範囲** 20〜32℃		
水への反応	★★★☆☆	動　き	★★★★☆
繁殖形態	卵生		
明るさの好み	★★★★☆	入手難易度	★★☆☆☆
飼育タイプ	②一部に茂みを設けるタイプ		
生活エリア	山地の森林		

　吻先に鱗に覆われた小さく固い吻端突起がある。後頭部に大きなフラップがあり、威嚇時に動かすこともできる。体色はよく変化する。*C. b. brevicorne* と *C. b. tsarafi -dyi* の2亜種がある。アオアシカメレオン（*C. crypticum*）やキガシラカメレオン（*C. amber*）が本種に含まれていたが、現在、独立種となっている。単独飼育が望ましい。メスは背の刺状突起の発達が弱い。

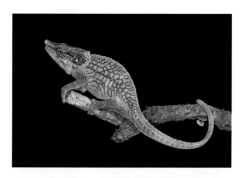

色調や模様の変化は激しい

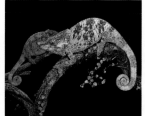

メス

オスを意識したメス

大きなフラップは開閉させることができる

本属の1種。キガシラカメレオンだろうか

ヒレニウスカメレオン

Calumma hilleniusi

別　名	ウォーターカメレオン		
全　長	15cm	分　布	マダガスカル中央部（標高2800m）
温　度	好適温度 25〜28℃　耐えられる範囲 20〜32℃		
水への反応	★★★☆☆	動　き	★★★★☆
繁殖形態	卵生		
明るさの好み	★★★☆☆	入手難易度	★☆☆☆☆
飼育タイプ	②一部に茂みを設けるタイプ		
生活エリア	渓流付近の森林		

　小さなショートホーンカメレオンといった外見。吻先が赤く染まり、体色は蛍光グリーン。昼夜の温度差の激しい場所に棲む。協調性は良くペアでも同居可能。オスの付け根は太くなる。

ヒレニウスカメレオン

マルテカメレオン

Calumma malthe

別　名	エレファントイヤー・ゾウミミカメレオン		
全　長	31cm	分　布	マダガスカル東部
温　度	好適温度 23〜30℃　耐えられる範囲 20〜32℃		
水への反応	★★★★☆	動　き	★★★★☆
繁殖形態	卵生		
明るさの好み	★★★☆☆〜★★★★★	入手難易度	★★☆☆☆
飼育タイプ	②一部に茂みを設けるタイプ		
生活エリア	山地の森林		

　やや細身で、大きなフラップがある。瞼の青いタイプはフラップの縁取りが明るいグリーン色。高さのあるタイプよりも、横幅が広く容量の大きなケージが向く。物怖じしない性格だが協調性は悪いので単独飼育する。オスは鼻先の突起が伸長する。

マルテカメレオン

小型のカルンマカメレオンたち

温　度	好適温度 22〜26℃　耐えられる範囲 20〜30℃		
水への反応	★★★☆☆	動　き	★★★☆☆
繁殖形態	卵生（4〜5卵ほど）　孵卵日数	3カ月ほど	
明るさの好み	★★★☆☆	入手難易度	★★☆☆☆
飼育タイプ	④鬱蒼と茂らせるタイプ		
生活エリア	低地の森林の下生えなど		

　小型のカルンマ属は22〜26℃をベースに明暗差を設け、ホットスポットを照射する。多めに植物を入れるが、彼らが掴みやすいようプミラなど細めのものを選ぶ。協調性は高く、ペアでの飼育も可能。オスの付け根は太くなる。

ナスタカメレオン　*Calumma nasutum*

別　名	ハナダカカメレオン
全　長	10cm
分　布	マダガスカル東部

　吻先に柔らかい角のある細身の種で、フラップはない。たいへん細身。

ベドガーカメレオン　*Calumma boettgeri*

全　長	13cm
分　布	マダガスカル北西部

　吻先に柔らかい松ぼっくりのような形をした突起がある。オスの背には棘状突起が並ぶ。

ハラオビカメレオン　*Calumma gastrotaenia*

別　名	ガストロタエニアカメレオン
全　長	14cm
分　布	マダガスカル中央部・東部

　尖った口先で、細長い体型。緑の体色は葉にそっくり。オスの背には棘状突起が並ぶ。同属他種よりやや高温を好む。

ブレードカメレオン　*Calumma gallus*

別　名	ガルスカメレオン
全　長	約11cm
分　布	マダガスカル東部

　オスは吻先に細長くて柔らかい角を有し、メスも吻先に小さな丸い突起がある。フラップや背の棘状鱗はない。体色変化は激しく、特にメスで顕著。

ニシウサンバラフタヅノカメレオン

Kinyongia multituberculata

別　名	フィッシャーカメレオン・レインボーフィッシャーカメレオン		
全　長	30〜40cm	分　布	タンザニア
温　度	好適温度 25〜28℃　耐えられる範囲 20〜32℃		
水への反応	★★★☆☆	動　き	★★★★★
繁殖形態	卵生		
明るさの好み	★★★★★	入手難易度	★☆☆☆☆
飼育タイプ	③茂みを設けるタイプ		
生活エリア	高地の森林		

　1対のゴツゴツした突起が鼻先にある。ジャンプして逃げようとするなど活動的。オスは尾の付け根がほとんど膨らまない。背のクレストの棘状突起は半分を超える。狭義のフィッシャーカメレオン（*B. fischeri*）は別種。メスの角は小さく短い。明暗差を設ける。協調性は高く、複数匹を同居飼育できる。

ニシウサンバラフ
タヅノカメレオン

ジャイアントフィッシャーカメレオン

Kinyongia matschiei

別　名	オオフタヅノカメレオン		
全　長	35〜40cm	分　布	タンザニア
温　度	好適温度 25〜28℃　耐えられる範囲 20〜32℃		
水への反応	★★★☆☆	動　き	★★★★★
繁殖形態	卵生		
明るさの好み	★★★★☆	入手難易度	★☆☆☆☆
飼育タイプ	③茂みを設けるタイプ		
生活エリア	山地の森林		

ニシウサンバラフタヅノ
カメレオンに似るが、こ
ちらのほうが大型で、背
のクレストの棘状突起は
1/3までしか入らない。

ジャイアントフィッシャーカメレオン

ジャイアントフィッシャーカメレオン
（メス）

タベタヌムカメレオン

Kinyongia tavetana

別　名	タベタカメレオン			
全　長	20〜25cm	分　布	ケニア・タンザニア	
温　度	好適温度 23〜26℃　耐えられる範囲 20〜30℃			
水への反応	★★★☆☆	動　き	★★★★★	
繁殖形態	卵生			
明るさの好み	★★☆☆☆	入手難易度	★☆☆☆☆	
飼育タイプ	②一部に茂みを設けるタイプ			
生活エリア	丘陵地の森林			

　吻先の突起は先に向かうにつれ離れる。胴の鱗の大きさはまちまち。活動的で動きも速いわりに臆病。背に棘状突起は入らない。メスは荒く、ペアでの同居は避ける。オスのほうが鼻先の突起は発達する。

タベタヌムカメレオン

タベタヌムカメレオン（メス）

ベーメカメレオン

Kinyongia boehmei

全　長	約18cm	分　布	ケニア	
温　度	好適温度 20〜25℃　耐えられる範囲 20〜28℃			
水への反応	★★★☆☆	動　き	★★★☆☆	
繁殖形態	卵生			
明るさの好み	★★☆☆☆	入手難易度	★★★★☆	
飼育タイプ	③茂みを設けるタイプ			
生活エリア	高地の森林			

タベタヌムカメレオンより飼いやすい。背の棘状突起は前半部まで続く。メスに角はない。

ベーメカメレオン

ベーメカメレオン"ホワイト"

ベーメカメレオン"イエロー"

テヌエドワーフカメレオン *Kinyongia tenuis*

別　名	ホソカメレオン			
全　長	最大15cm程度	分　布	タンザニア・ケニア	
温　度	好適温度 23〜26℃　耐えられる範囲 20〜30℃			
水への反応	★★★☆☆	動　き	★★★★☆	
繁殖形態	卵生			
明るさの好み	★★★☆☆	入手難易度	★★☆☆☆	
飼育タイプ	③茂みを設けるタイプ			
生活エリア	低地の森林など			

メスには青・緑色の柔らかい角飾りがあり、体型は細身。小さい餌を数多く与え、食いが悪い場合はサイズをダウンをしてみよう。明暗を作る。オスの尾はやや太くなる。

テヌエドワーフカメレオン（メス）

ウサモエリカメレオン *Kinyongia uthmoelleri*

別　名	ウスメラーカメレオン			
全　長	20cm	分　布	タンザニア	
温　度	好適温度 23〜26℃　耐えられる範囲 20〜30℃			
水への反応	★★★☆☆	動　き	★★★★☆	
繁殖形態	卵生			
明るさの好み	★★★★☆	入手難易度	★☆☆☆☆	
飼育タイプ	③茂みを設けるタイプ			
生活エリア	高地の森林			

カスクは高く、背に棘状突起はない。オスの頭部は赤く染まる。ンゴロンゴ・クレーターに局所分布する。

ウサモエリカメレオン

ウスハナカメレオン *Kinyongia xenorhina*

別　名	ストレンジノーズカメレオン			
全　長	25cm	分　布	ウガンダ・コンゴ民主共和国	
温　度	好適温度 18〜22℃　耐えられる範囲 13〜25℃			
水への反応	★★★☆☆	動　き	★★★★★	
繁殖形態	卵生			
明るさの好み	★★★☆☆	入手難易度	★☆☆☆☆	
飼育タイプ	③茂みを設けるタイプ			
生活エリア	山地の森林			

カスクは高く、板状の突起が鼻先にある。成体ではこれが扇状に広がる。ジャンプして飛び降りることもあるので取り扱い時には注意する。特に尾の長いカメレオン。

ウスハナカメレオン

ハチノスカメレオンたち

温　度	好適温度 25〜28℃　耐えられる範囲 20〜32℃		
水への反応	★★★☆☆	動　き	★★★☆☆
繁殖形態	胎生が多い		
明るさの好み	★★★☆☆	入手難易度	★★☆☆☆
飼育タイプ	③茂みを設けるタイプ		
生活エリア	多湿な林や灌木林・人家周辺の庭など		

　南アフリカに分布するハチノスカメレオン属は、ドワーフカメレオンの名で流通する仲間で小型種がほとんど。流通機会は少ないものの、CB個体がわずかに輸入されている。最近では国内での繁殖例も報告されるようになった。

　現地では四季のある場所で暮らすが、いずれにせよ流通するのはCB個体のためか、飼育面で癖は見られない。上記データは種によって多少異なる。

ケープドワーフカメレオン

ケープドワーフカメレオン(メス)

ケープドワーフカメレオン　*Bradipodion pumilum*

別　名	メダカカメレオン
全　長	15cm
分　布	南アフリカ共和国・モザンビーク・ナミビア

ダマラヌムカメレオン

ダマラヌムカメレオン（メス）

ダマラヌムカメレオン *Bradipodion damaranum*

別　名	ピカソカメレオン
全　長	20cm
分　布	南アフリカ共和国

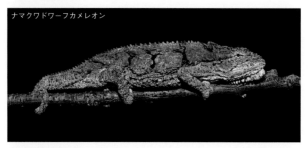

ナマクワドワーフカメレオン

ナマクワドワーフカメレオン *Bradipodion occidentale*

別　名	オキシデントールドワーフカメレオン・ニシナンアカメレオン
全　長	16cm
分　布	南アフリカ共和国

ドラケンスバーグカメレオン

ドラケンスバーグカメレオン（メス）

ドラケンスバーグカメレオン *Bradipodion dracomontanum*

全　長	14cm
分　布	南アフリカ共和国

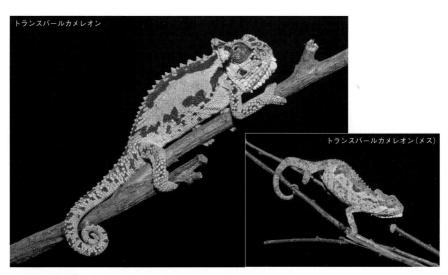

トランスバールカメレオン

トランスバールカメレオン（メス）

トランスバールカメレオン *Bradipodion transvaalense*

全 長	18cm
分 布	南アフリカ共和国・スワジランド

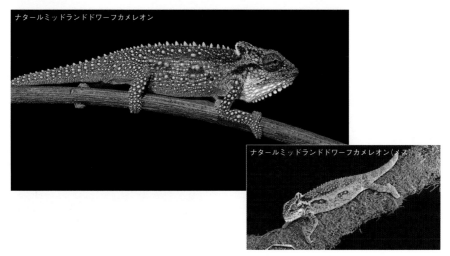

ナタールミッドランドドワーフカメレオン

ナタールミッドランドドワーフカメレオン（メス）

ナタールミッドランドドワーフカメレオン *Bradipodion thamnobates*

別 名	ブッシュカメレオン
全 長	20cm
分 布	南アフリカ共和国

カレハカメレオンの仲間たち

温　度	好適温度 23〜26℃　耐えられる範囲 20〜30℃		
水への反応	★★★☆☆	動　き	★☆☆☆☆〜★★★☆☆
繁殖形態	卵生		
明るさの好み	★☆☆☆☆〜★★☆☆☆	入手難易度	★☆☆☆☆
飼育タイプ	⑤林床タイプ		
生活エリア	森の林床や高山の森林など		

　近年、分類に変更があり、別属から本属へ移動されたり、一部の種が独立した属となっている。ここでは、ペットトレード上でコノハカメレオンと呼ばれる小型のカメレオンたちをまとめた。地表や地表付近・低木や藪など低い位置が彼らの生活の場で、どの種も枯れ葉や落ち葉のような外見をしている。擬態の完成度は高く、葉脈模様まで入るものもおり、危険を感じると落ちる様子は、まさに枯れ葉が落下するようだ。尾は短い。協調性は高く、複数匹を同居飼育できる。オスの尾は太くなる。

ヒゲカレハカメレオン　*Rieppeleon brevicaudatus*

別　名	タンザニアピグミーカメレオン・ヒゲコノハカメレオン
全　長	8cm
分　布	タンザニア・ケニア

　メスのほうが大型。さまざまな体色や模様のものがいる。かつては大量に出回っていたが、現在、流通はない。

カーステンカレハカメレオン　*Rieppeleon kerstenii*

別　名	カルステンカレハカメレオン
全　長	8cm
分　布	タンザニア・ケニア・ソマリア・エチオピア

　ヒメカメレオンに似るがこちらは細長い体型。*R. k. kerstenii* と *R. k. robecchii* の2亜種がある。

ウサンバラカレハカメレオン
Rhampholeon temporalis

全　長	6cm
分　布	タンザニア

　鼻先が尖り、目の上にはごく小さな突起がある。背はわりと滑らか。

ワキスベカレハカメレオン
Rhampholeon nchisiensis

全　長	6cm
分　布	タンザニア・マラウィ

　鼻先はやや伸長する。ウルグルカレハカメレオンと酷似しているが、脇に小さな穴がない。

カメルーンカレハカメレオン

Rhampholeon spectrum

別 名	カメルーンコビトカメレオン・カメルーンカレハカメレオン・スペクトラルコノハカメレオン
全 長	9cm
分 布	カメルーン・ガボン・コンゴ民主共和国・中央アフリカ共和国・赤道ギニア

目の上と鼻先に小さな突起がある。喉には棘状突起が並ぶ。2本の暗色の細いラインが入る。2021年現在でも本種の流通は見られる。

ウルグルカレハカメレオン

Rhampholeon uluguruensis

全 長	6cm
分 布	タンザニア

鼻先はやや尖り、目の上に小さな突起が入る。

ギザミネカレハカメレオン

Rhampholeon acuminatus

別 名	アキュミナタスカメレオン
全 長	8cm
分 布	タンザニア

鼻先に小さな突起があり、全身に小さな棘状突起が入る。体色は薄緑や褐色・白・黒褐色。

ビリディスカメレオン　*Rhampholeon viridis*

別 名	ミドリカレハカメレオン
全 長	7cm
分 布	タンザニア

ウサンバラカレハカメレオンに似るが背のクレストは波打ち、目の上の突起はない。

トゲカレハカメレオン（メス）

トゲカレハカメレオン　*Rhampholeon spinosus*

別 名	スピノーサスカメレオン
全 長	7cm
分 布	タンザニア

全身に棘状突起が入り、鼻先に丸く扁平な突起がある。以前はハチノスカメレオン属とされていた。

ヒメカメレオンたち

温　度	好適温度 22〜25℃　耐えられる範囲 20〜30℃		
水への反応	★★★★☆	動　き	★☆☆☆☆
繁殖形態	卵生		
明るさの好み	★★☆☆☆	入手難易度	★★★☆☆
飼育タイプ	⑤林床タイプ		
生活エリア	林床		

　林床に落ちた枝や落ち葉のような姿をしたカメレオンで、地表付近が生活の場。湿気を感じ取って地面の落ち葉に付いた水滴などを舐めてくれる。水をよく飲むが与えすぎないこと。自然下では、夜間は低木へ登り、朝方になると林床の落ち葉の中へ移動する。卵数は少なく2〜5卵で、孵化日数は2カ月ほど。いつのまにか産卵・孵化し、小さな幼体をケース内で見つけることもある。

ツノヒメカメレオン　*Brookesia superciliaris*

別　名	マユダカヒメカメレオン
全　長	9cm
分　布	マダガスカル東部

　目の上に突起があり背の中央部が隆起する。尾に棘状突起はない。

デカリヒメカメレオン　*Brookesia decaryi*

全　長	8cm
分　布	マダガスカル北西部

　ロゼッタカメレオンに似た外見をしているが、サイズが小さい。他種に比べ大きくボリューム感がある。

シュトゥンプフヒメカメレオン
Brookesia stumpffi

全　長	8〜9cm
分　布	マダガスカル北部

　眉の部分の突起はゆるく湾曲し、あまり前に出ない。腰に菱形のブロッチがある。

ティールヒメカメレオン　*Brookesia thieli*

全　長	6〜7cm
分　布	マダガスカル東部

　細長い体型で、背に褐色のラインが入る。

あとがき

　本書を制作するにあたり、偉大なる諸先輩方のご教授と、カメレオンを通じて知り合った全国の愛好家の方々に深く感謝したい。爬虫類の魅力や正しい姿を広めてくださった故高田榮一先生が尽力されたおかげで今の自分が生きていられるし、晩年まで先生のご指導を仰げたことは自分にとってたいへん貴重な時間だった。金子勉氏と星克巳氏にはさまざまなテクニックなどを惜しげもなく教えて頂いた。そして、20年もの間、二人三脚で筆者ならびにORYZAを支えてくれた小林と、急な依頼にもかかわらず快く写真提供を頂いた愛好家の皆様にも深く感謝したい。また、写真と編集を担当した川添氏は、書籍経験の少なさ故自分の話や文をまとめてくださった。そういった意味で、本書は氏との共著である。

　近年、カメレオンの輸入量は減り、かつてポピュラーだった種類が現在、その姿を全く見ることができなくなってしまった。CB個体であれ彼らは愛玩動物ではない。カメレオンを飼育するということは、かけがえのない命を預かっているということだ。今一度、深く考慮してカメレオンと向き合ってほしい。

profile ―――――――――――

加藤　学（かとう　まなぶ）

1971年生まれ。埼玉県川口市にある爬虫類・両生類専門店ORYZA（オリュザ）（oryza.jp.net）店主。クリーパー誌など専門誌で多数執筆。カメレオンやヘラオヤモリといったマダガスカルの動物に造詣が深い。

【参考文献と参考web】
クリーパー（クリーパー社）
月刊フィッシュマガジン（緑書房）
爬虫・両生類ビジュアルガイド カメレオン（誠文堂新光社）
爬虫・両生類飼育ガイド カメレオン（誠文堂新光社）
爬虫・両生類パーフェクトガイド カメレオン（誠文堂新光社）
世界のカメレオン（分一総合出版）
A Field Guide to the Amphibians and Reptiles of Madagascar（Frank Glaw-Miguel Vences）
The New Chameleon Handbook（BARRON'S）
Chameleons（Edition Chimaira）
Stump-tailed Chameleons（Edition Chimaira）
THE REPTILE DATABASE　www.reptile-database.org
weatherbase　https://www.weatherbase.com/

STAFF

執筆	加藤 学
写真・編集	川添 宣広
写真提供・協力	ORYZA、荻野邦広・里美、角田洋平、COLORS、川端元子、小池真里奈、琴寄里奈、佐々誠、佐々木淳、進藤正幸、たんぽぽ、永井浩司、新田宏大、野沢直矢
協力	アクアセノーテ、aLiVe、ウッドベル、エンドレスゾーン、ORYZA、キャンドル、クレイジーゲノ、小林昆虫、ゴリオ、ザ・パラダイス、しろくろ、蒼天、TreeMate、爬虫類倶楽部、ビバリウムハウス、プミリオ、Best Reptiles、HOMIC、マニアックレプタイルズ、リミックス ペポニ、龍夢、レップジャパン、レプタイルストアガラパゴス、レプティスタジオ、レプティリカス、ワイルドモンスター、伊東渉、伊藤真由美、伊藤勇二郎、沖加奈恵、小口政明、小野隆司、金子勉、亀太郎、小家山仁、小林絵美子、佐々誠、田中一雄、永田健児、中村昇司、沼田大祐、野上大成、Nosy&Regal、野田龍之介、松村しのぶ、丸橋秀規、Naoki&Maya、ミウラ、山崎愛里、若泉和之、渡辺和也
表紙・本文デザイン	横田 和巳（光雅）
企画	鶴田 賢二（クレインワイズ）

| 飼 育 の 教 科 書 シ リ ー ズ |

カメレオンの教科書

カメレオン飼育の基礎知識から
各種類紹介と繁殖 etc.

2021年7月13日　初版発行

発行者	笠倉伸夫
発行所	株式会社笠倉出版社 〒110-8625　東京都台東区東上野2-8-7 笠倉ビル 0120-984-164（営業・広告）
印刷所	三共グラフィック株式会社

©KASAKURA Publishing Co,Ltd. 2021 Printed in JAPAN

ISBN978-4-7730-6133-8